《吴忠市大型地下水供水靶区优选与供水关键技术研究》编委会

主 编

吴 平 徐兆祥 李 英

编 委

朱 薇 韩强强 马学伟 马晓亮 任光远

童彦钊 李 阳 张一冰 康登成

吴 平 徐兆祥 李 英 / 主编

吴忠市大型地下水供水靶区优选与供水关键技术研究

黄河出版传媒集团
阳 光 出 版 社

图书在版编目（CIP）数据

吴忠市大型地下水供水靶区优选与供水关键技术研究 / 吴平，徐兆祥，李英主编. -- 银川：阳光出版社，2024. 11. -- ISBN 978-7-5525-7621-4

Ⅰ. P641.8

中国国家版本馆CIP数据核字第2025WQ9048号

吴忠市大型地下水供水靶区优选与供水关键技术研究

吴　平　徐兆祥　李　英　主编

责任编辑　马伟锴　胡　鹏

封面设计　晨　皓

责任印制　岳建宁

黄河出版传媒集团 阳光出版社 出版发行

地　　址　宁夏银川市北京东路139号出版大厦（750001）

网　　址　http：//ssp.yrpubm.com

网上书店　http：//shop129132959.taobao.com

电子信箱　yangguangchubanshe@163.com

邮购电话　0951-5047283

经　　销　全国新华书店

印刷装订　宁夏凤鸣彩印广告有限公司

印刷委托书号　（宁）0031488

开　　本　787 mm × 1092 mm　1/32

印　　张　3.25

字　　数　100千字

版　　次　2024年11月第1版

印　　次　2024年11月第1次印刷

书　　号　ISBN 978-7-5525-7621-4

定　　价　68.00元

前言

吴忠市位于宁夏中部，地处银川平原南端，是宁夏沿黄河城市带核心区域，全国商品粮基地、奶牛养殖基地、酿酒葡萄产业基地和中国滩羊之乡、甘草之乡。随着吴忠市城市规模快速扩大，人口数量迅速增加，城乡供水一体化进程加快，供水水源不足很大程度上制约了当地经济的发展和人民生活水平的提高，如何挖掘供水潜力，寻找新的供水水源及合理利用地下水资源，成为吴忠市城区全面建设的重中之重。

本书紧密围绕吴忠市水资源开发利用的现实需求，基于60多年来在吴忠市不同地区开展的水文地质调查、水文地质勘查和地下水环境调查等工作，选定青铜峡市北部作为供水潜力研究区，综合运用地面电法勘探、水文地质勘探、地质统计学、水文地球化学和数值模拟等方法，建立了研究区地下三维水文地质结构模型，详细查明了研究区地下水的赋存空间、地质结构、沉积特征，实现了地下空间三维可视化展示，精确划定了单一潜水区和多层结构区分界线，在此基础上，圈定了地下水源供水靶区。查明了研究区地下水的来源、流动特征、排泄途径，不同地区、不同深度地下水的水质、水量和水化学特征。建立了研究区水文地质概念模型和三维地下水流数值模型，对现状地下水资源及潜力进行了分层分质评价。此外，针对经济社会发展对水资源的需求，设计了详细的水资源开采和保护方案，并对开采20年后地下水开发利用中水位变化趋势及其环境影响进行了预测评价。发现在研究区范围内氟化物含量无一超标，改变了前人对本地区氟化物超标的认识。最终为吴忠市提供了水质基本满足生活饮用水卫生标准（铁、锰离子略超标），地下水可开采资源量12万立方米每天的水源地一处，作为地下水集中供水水源开采利用，进而为吴忠市城市发展规划、重点项目建设、生态环境保护等提供水资源支撑，从地下水资源合理利用和优化配置的角度为地下水资源整体评价、城市供水安全和水资源可持续利用提供了科学依据。

本书撰写主要依托于“宁夏青铜峡市瞿靖－叶盛地区供水水源地（吴忠市城市供水新水源地）勘探项目成果报告”，在此特别感谢吴忠市城乡建设投资开发有限公司对本项目的大力支持。在编写中得到了“宁夏水文地质环境地质勘察创新团队”“宁夏地下水与生态环境效应研究人才小高地团队”和“北部平原区水文过程与生态效应宁夏回族自治区野外科学观测研究站”的指导。本专著出版由宁夏自然科学基金项目（2023AAC02081）、宁夏青年拔尖人才培养项目和宁夏博士后人才资助项目共同资助完成。

由于编者水平有限，书中疏漏或不当之处在所难免，敬请广大读者批评指正。

目 录

第 1 章　研究区概况

1.1　自然地理

1.1.1　地理位置

研究区位于银川平原南端，青铜峡黄河冲积扇西北，行政区划属青铜峡市叶盛镇、瞿靖镇所辖。区内交通较为便利，包兰铁路、大古铁路、109国道、福银高速公路纵横交错。

1.1.2　气象水文

（1）气象

研究区位于青铜峡市北部，地处西部内陆，属温带大陆性半干旱气候，日照充足，蒸发强烈，雨雪稀少，昼夜温差大，全年日照达3 000小时，无霜期163 d，是中国太阳辐射最充足的地区之一。根据气象资料，年平均降水量186.18 mm，年平均蒸发量1 847.46 mm，约为降雨量的10倍，且年内降水量分配极不均匀，主要集中于六、七、八、九月（图1–1）。

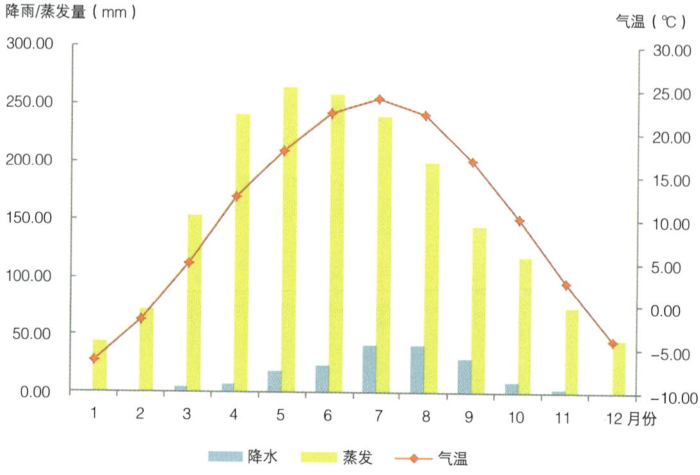

图1–1　气象要素图

（2）水文

研究区东邻黄河，黄河由青铜峡市广武乡入境流入青铜峡后，自南西流向北东，流经青铜峡市58 km，多年平均实测径流量274.6亿立方米，多年平均最大流量为3 570 m^3/s，实测最大流量为6 230 m^3/s。其主要特点是水位、水量变化大，含沙量高，河水的水质随不同河段、不同的季节变化较大。根据丰水期水样全分析化验结果，黄河水样品中除 $N0_3^-$、$N0_2^-$ 超标外，其他化验离子均未超标。

主要排水沟有反帝沟、中干沟、胜利沟，均从研究区西部流入，东部流出，为常年性水流，以排泄农田灌溉余水和城市工业、生活用水为主，除雨季流量有所增加外，其他时段较为稳定。中干沟年均流量为0.24亿立方米，反帝沟年均流量为0.4亿立方米，胜利沟年均流量0.26亿立方米。调查取样结果显示，罗家河水水质较好，排水沟水整体水质较差，超标指标主要有NH_4^+、Cl^-、SO_4^{2-}、NO_3^-、NO_2^-、F^-、溶解性总固体、总硬度。

1.2 地形地貌

研究区位于银川平原南部青铜峡黄河冲洪积扇中前部，东侧黄河沿南西—北东向流过，地势平坦开阔，西南略高于东北，地面坡度0.3‰~0.8‰，海拔高程1 107~1 128 m。区内农田成网，沟渠纵横，土地肥沃，为我国最古老的引黄灌区之一。主要种植水稻、玉米、蔬菜和果树，河西灌区更是青铜峡市重要的农业生产基地和蔬菜供应基地。湖沼是该区地貌单元一大特征，沿黄河岸边一带多有低洼的湖沼、鱼塘和芦苇地分布，岸边除人工堤外，阶地不明显。近年来随着黄河经济的快速发展，在黄河岸边开挖了景观水道和人工湖泊（图1-2）。

1.3 地质条件

1.3.1 地质

研究区位于银川平原南部冲积层和冲湖积层过渡地带，总体可划分洪积（Q_4^{pl}）、冲积（Q_4^{al}）、湖积（Q_4^{l}）地层。其中洪积层（Q_4^{pl}）主要分布在西部平原周边山地的山前地带，岩性以砾石及砂砾石为主，砾石成分与物源区的基岩关系密切，分选性、磨圆程度均

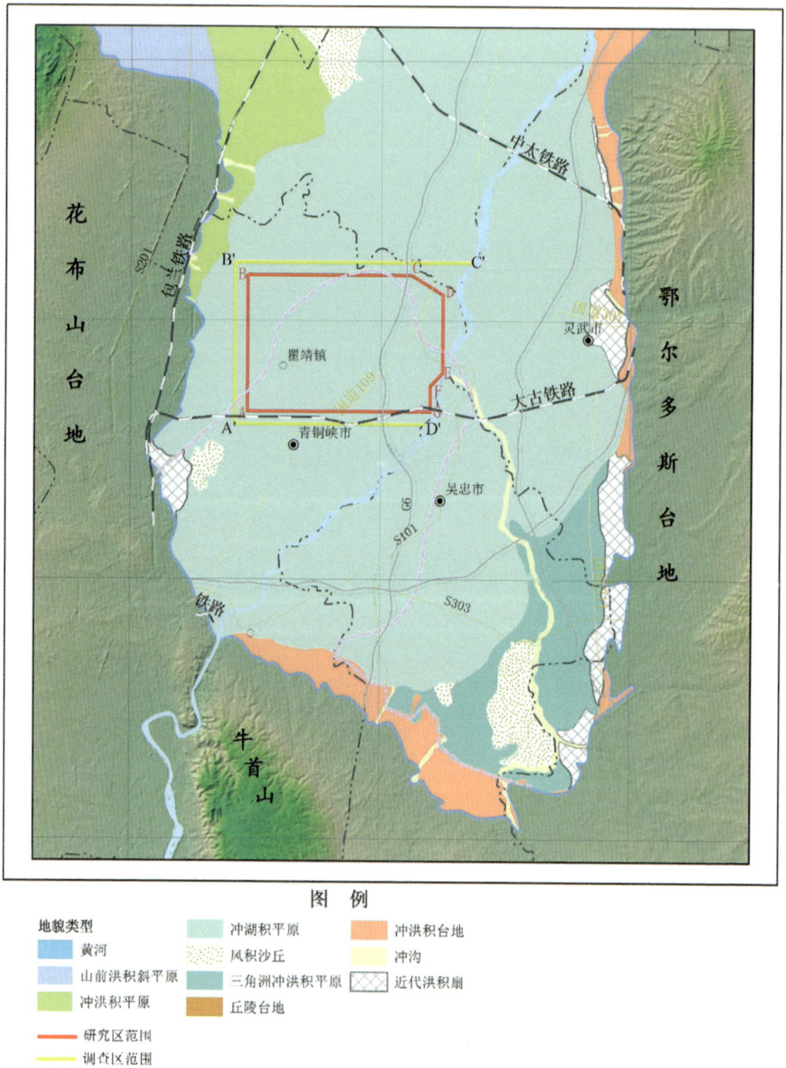
花布山台地
鄂尔多斯台地
牛首山
中太铁路
大古铁路
包兰铁路
铁路
S201
S101
S303
瞿靖镇
青铜峡市
吴忠市
灵武市
B'
C'
A'
D'
图 例
地貌类型
黄河
山前洪积斜平原
冲洪积平原
冲湖积平原
风积沙丘
三角洲冲洪积平原
丘陵台地
冲洪积台地
冲沟
近代洪积扇
研究区范围
调查区范围

图1-2　地形地貌图

较差；冲积层（Q_4^{al}）主要位于东部青铜峡峡口，岩性为卵砾石、砂砾石，向下游渐渐过渡为中细砂和粉细砂夹粘性土；湖积层（Q_4^{l}）分布在现代湖泊和冲积平原中的积水洼地、盐碱滩地中，岩性以细砂、粉砂质粘土及淤泥为主，含少量盐和芒硝。

根据钻孔资料分析，在多层结构区除地表1.75~4.4 m厚粘砂土、砂粘土外，西部同单一潜水区过渡地带，其上部多是卵砾石、砂砾石、中砂等，其58.45 m以下多为中砂、粉砂、夹薄层砂粘土。东部砂砾石层变薄、变少，粘砂土层增多并具有明显的分层规律。

单一潜水区揭露地层为冲积（Q_4^{al}）和湖积（Q_4^{l}）地层，主要岩性特征分述如下：

砂粘土层：浅黄、土黄色、稍湿、松散、含植物根系，手感有砂粒感，厚度2.59~7.39 m。

卵砾石、粗砂、中砂层：多呈灰褐色及褐色，主要分布在207 m以上，厚度204.5 m，一般粒径1~10 cm，个别大者可达30 cm，主要成分为石英岩、石英砂岩、变质岩及少量暗色矿物等。其卵砾石多呈扁圆、次圆状，磨圆度较好，分选性差，透水性良好，具有良好的蓄水条件。

在207 m以下主要是粉砂、细砂、少量中砂夹薄层砂粘土层：多呈灰色及灰褐色，该层未揭穿。

研究区内地层岩性颗粒成分在垂直方向有上大下小的渐变趋势，但无明显界线，局部夹有一到两层的粘砂土或砂粘土，但均较薄，单层厚度0.84~1.95 m。据地面物探资料推测，第四系厚度较大，由西向东由薄变厚，在青铜峡市附近厚度750 m，叶盛镇以北可达1 000 m。在平面上东西方向呈现两边薄、中间厚的分布特征。南北方向变化明显，由南向北第四系厚度逐渐变厚，基本反映了银川平原周边薄中间厚的椭圆状断陷盆地。

1.3.2 构造

研究区在构造上地处银川断陷盆地南端，其外围受隐伏断层控制，在漫长的地质历史时期，一直随盆地沉降，堆积了较厚的松散物质，在中心处的吴忠等地第四系厚度较大，向边缘逐渐变薄。第四系沉积物以冲湖积为主，兼有洪积，冲湖积物在青铜峡峡口为卵砾石相，向下游渐渐过渡为中细砂和粉细砂夹粘性土，越往下游粘性土层数增多厚度增加。地面无切割现象，据物探资料推测，在研究区内分布的主要断裂三关口—金积镇断裂（断层⑦），在大坝乡 - 峡口乡 - 巴马湖一线的下部有一隐伏断层，走向南东北西向，该断陷线南北两侧第四系堆积厚度变化较大，南部第四系厚度不超过40 m，而北部却达100 m，东部的黄河东岸断裂为一基底断裂。在北西向隐伏断裂（断层⑧），断裂总体呈北西—南东走向（图1–3）。

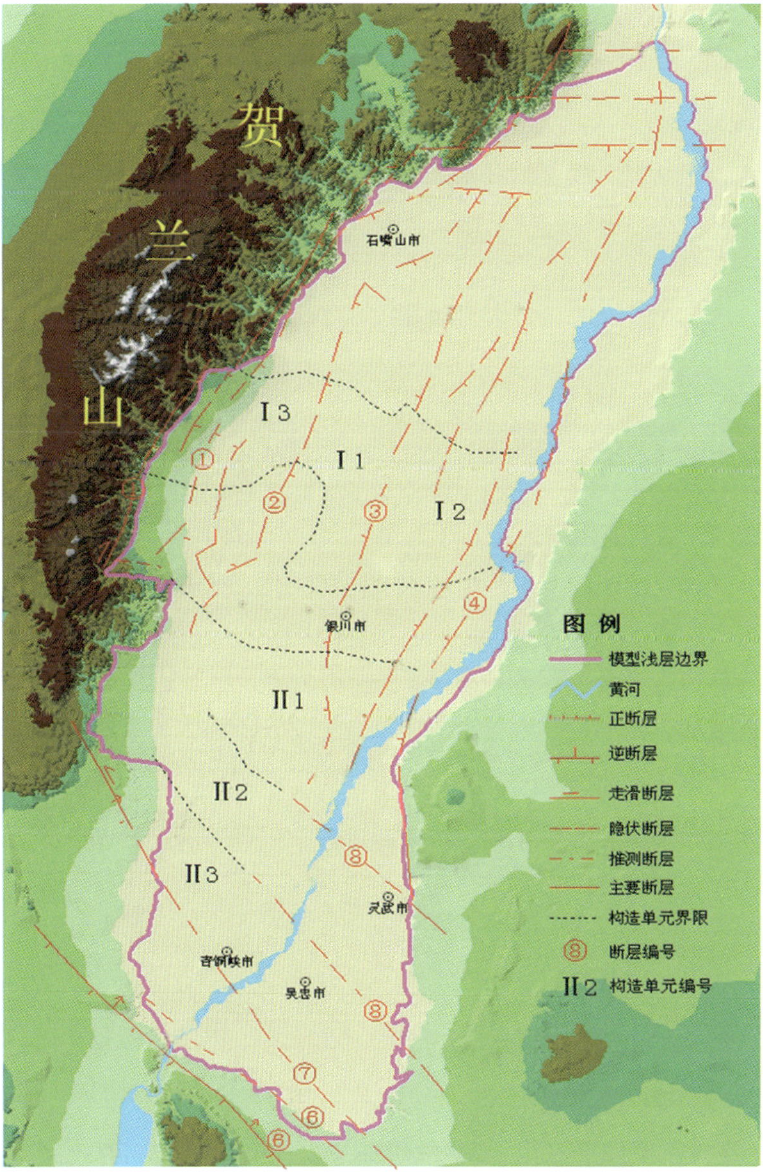

贺
兰
山
石嘴山市
银川市
灵武市
吴忠市
青铜峡市
Ⅰ3
Ⅰ1
Ⅰ2
Ⅱ1
Ⅱ2
Ⅱ3
①
②
③
④
⑥
⑦
⑧
图 例
模型浅层边界
黄河
正断层
逆断层
走滑断层
隐伏断层
推测断层
主要断层
构造单元界限
⑧ 断层编号
Ⅱ2 构造单元编号

图1-3 构造纲要图

第 2 章　水文地质条件

2.1　含水岩组水文地质特征

2.1.1　含水岩组划分

按含水层的水力性质和水文地质结构，研究区可划分为单一潜水区和多层结构区。

划分依据：①单一潜水区主要由河床相卵石、卵砾石、砾石、砂砾石组成，局部可见有漂石、块石，从西南至北东逐渐变为含砾粉细砂、粗砂、细砂，和多层结构区呈犬牙交错状过渡，通过和银川冲湖积地层比较，粗粒相可划定出单一潜水区界线。②单一潜水区粘性土夹层均较薄且以透镜体分布，不构成稳定连续的隔水层。

通过已有的钻孔资料结合 GMS 软件中的 soil 模块，对研究区进行水文地质三维模型的建立，如图2-1、图2-2、图2-3、图2-4所示，可以看出研究区由西南向东北方向，岩性由以粗粒的卵石、卵砾石、砂砾石为主，逐渐过渡为细粒的粗砂、中砂、细砂、粉砂，且在西北部和东北部有局部夹薄层粘土层。新划定的单一潜水界

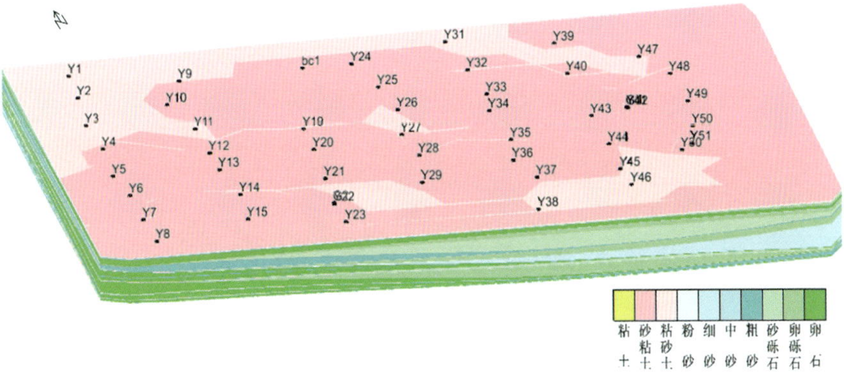

图2-1　三维立体结构实体

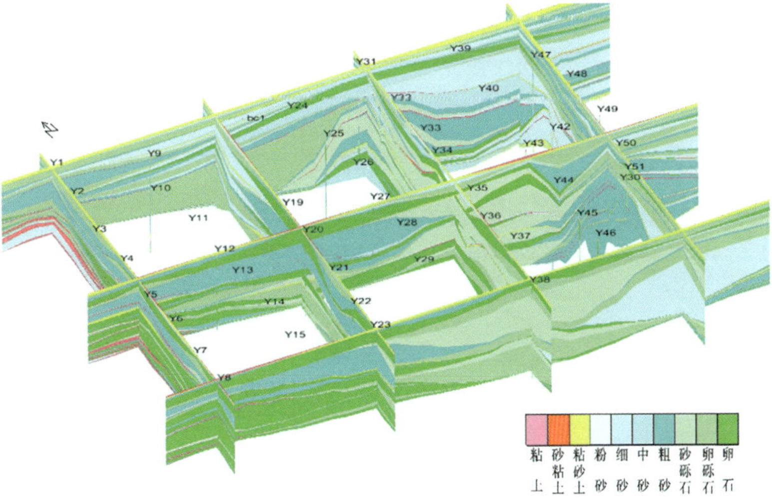

图2-2　三维立体结构框图

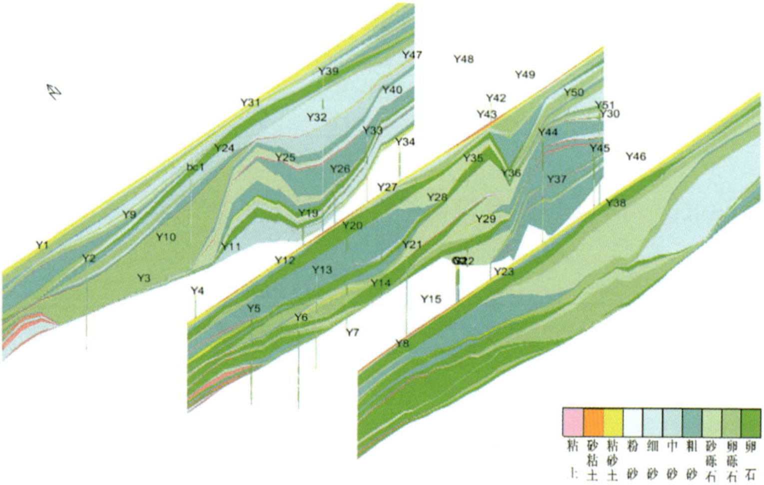

图2-3　东西向剖面结构图

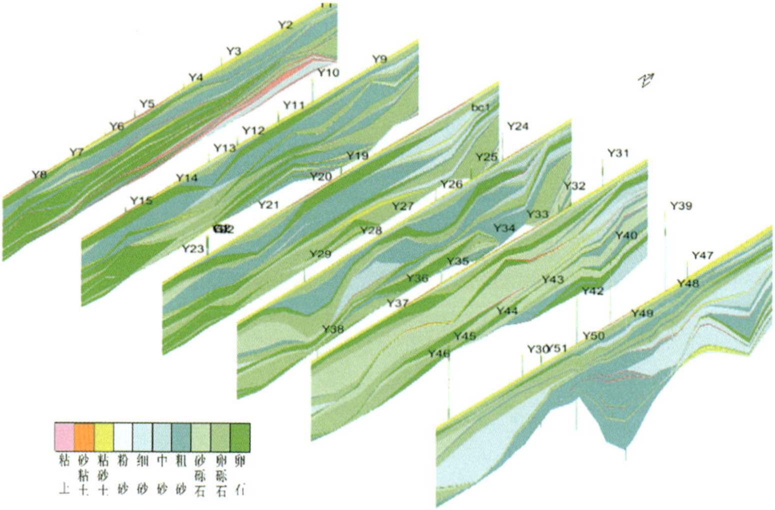

图2-4　南北向剖面结构图

线与地层结构基本一致，符合工作区地层实际情况。

2.1.2　水文地质特征

（1）青铜峡峡口冲积扇单一潜水区

青铜峡峡口冲积扇单一潜水区位于研究区中南部，属于第四系松散岩类孔隙水，由黄河冲积作用形成，钻孔揭露最大深度272.75 m，未揭穿到基底，含水层主要由更新统及全新统河床相冲积组成，上下比较均一。其底垫层主要为新近系、古近系泥岩，局部地区上覆有1.5~6 m厚的粘砂土、砂粘土层，使含水层局部带有微承压性。含水层岩性疏松，含砂率一般为10%~20%，地层岩性从南部漂石、块石、卵石、卵砾石、砂砾石逐渐过渡到北部砂砾石、粗砂夹薄层砂粘土。含水层厚度均大于100 m，水位埋深为2~3 m，单井出水量为2 045.152~6 067.068 m^3/d，水质良好，溶解性总固体含量均小于1 g/L，一般为0.4~0.7 g/L，铁锰离子普遍超标（铁离子含量为0.2~3.19 mg/L，大都为0.3~1 mg/L；锰含量为0.01~0.66 mg/L，大都为0.1~0.6 mg/L），氨氮局部超标。

（2）多层结构区

多层结构区也可称潜水—承压水区。分布于青铜峡冲积扇单一潜水区以外的其余地区，主要分布在研究区西北部和东北部地区。根据含水层水力性质，勘探深度范围内自上而下又可分为三个含水岩组（第Ⅰ含水岩组、第Ⅱ含水岩组、第Ⅲ含水岩组）。第Ⅰ含水岩组主要由全新统冲湖积砂层夹粘性土层构成。第Ⅱ、Ⅲ含水岩组主要由冲湖积砂层组成，隔水顶、底板一般为粘质砂土或粘土，厚度变化较大，第Ⅱ含水岩组与上覆第Ⅰ含水岩组之间有着较好的水力联系。

①第Ⅰ含水岩组

分布于研究区的西北部和东北部，其中西北部勘探深度110.08~151.95 m，含水岩组静水位埋深1.25~5.81 m，含水层厚度77.48~131.49 m。主要由5–8层砂砾石、粗砂组成，结构松散，颗粒均匀。间夹4–5层粘砂土、砂粘土层，单层厚度一般1.00~3.00 m，最大厚度16.37 m，实际抽水过程中，单井出水量为3 083.337~6 247.735 m^3/d，溶解性总固体含量为0.645~1.596 mg/L，局部略超标，铁含量为0.1~1.51 mg/L，大部分大于0.3 mg/L，锰含量大部分为0.1~1 mg/L。

②第Ⅱ含水岩组

分布于研究区东北部叶盛镇以东地区，含水岩组埋深在60 m以下，170 m以上，含水层厚62~98 m，平均厚度80.5 m。含水层岩性由5–6层的粗砂、中砂组成，结构松散。隔水顶板一般为粘砂土、砂粘土层，层厚1.2~2.88 m。

含水岩组压力水头埋深2.6~3.5 m；富水性较强，实际抽水资料显示，单井出水量为1 731.215~4 646.678 m^3/d。水质普遍较好，溶解性总固体含量为0.345~0.858 g/L，铁含量为0.13~0.87 mg/L，锰含量大都为0.1~1 mg/L。

③第Ⅲ含水岩组

钻孔揭露第Ⅲ含水岩组，均分布在叶盛镇东侧，由于本次任务只是对第Ⅲ含水岩组作局部了解，钻孔深度最深达252 m，最浅232 m。含水层埋深位于150 m以下，250 m以上，含水层厚64~85.3 m，平均厚度73.8 m。由4–6层粗砂、中砂组成。局部夹有薄层粘砂土、砂粘土，单层厚一般小于2 m。由于其隔水层上下交错，致使隔水顶板于水平方向上分布不连续；承压水压力水头埋深0.43~3.94 m，略低于上覆第Ⅱ含水岩组压力水头埋深；实际抽水资料显示，单井出水量为1 164.09~8 096.338 m^3/d。溶解性总固体含量为0.31~0.666 g/L；铁含量未超标，均 <0.3 mg/L；锰含量局部略超标，大部分为0.044~0.137 mg/L。

2.2 地下水补、径、排条件

地下水的补、径、排条件，受地层及水文地质条件的制约。地下水的补给主要由垂向入渗补给和侧向径流补给组成。侧向补给主要来自边界的地下径流补给，垂向入渗补给包括降雨入渗和渠系田间引黄灌溉入渗补给。

通过研究区地下水水位统测（图2–5），枯水期地下水位自西向东流动，水位标高为1 111~1 125 m，水力梯度为0.000 3~0.000 6，丰水期地下水从西往东流，水位标高1113~1127 m，水力梯度0.000 35~0.000 66，通过对比丰水期地下水水位高于枯水期水位，丰水期水力梯度较枯水期大。总体上天然状态丰水期和枯水期水力梯度均很小，侧向补给较弱。

研究区内农田成方，渠系纵横，主要干渠有惠农渠、汉延渠。农田灌溉每年分为两期，灌溉时间可达180天，惠农渠年引水量8.84亿立方米，汉延渠年引水量4.90亿立方米，是主要的垂向补给来源；研究区年降水量为186.18 mm，且多集中在6、7、8、9四个月，占全年降水量的73.4% 以上，同时降水集中的四个月，正是引黄灌溉期。因此认为，研究区地下水的垂向入渗补给，主要是农田灌溉、渠系渗漏，其次是大气降水入渗补给。

研究区内地下水的主要排泄方式为蒸发排泄、排水沟排泄、侧向径流排泄。通过调查，区内的地下水位埋深为1~3 m，春、夏、秋三季蒸发强烈，主要的排泄沟是中干沟、反帝沟，中干沟年排水量、反帝沟年排水量、回灌水量及多余降雨量均通过排水沟排入黄河，侧向上地下水从西部流入，东部流出。

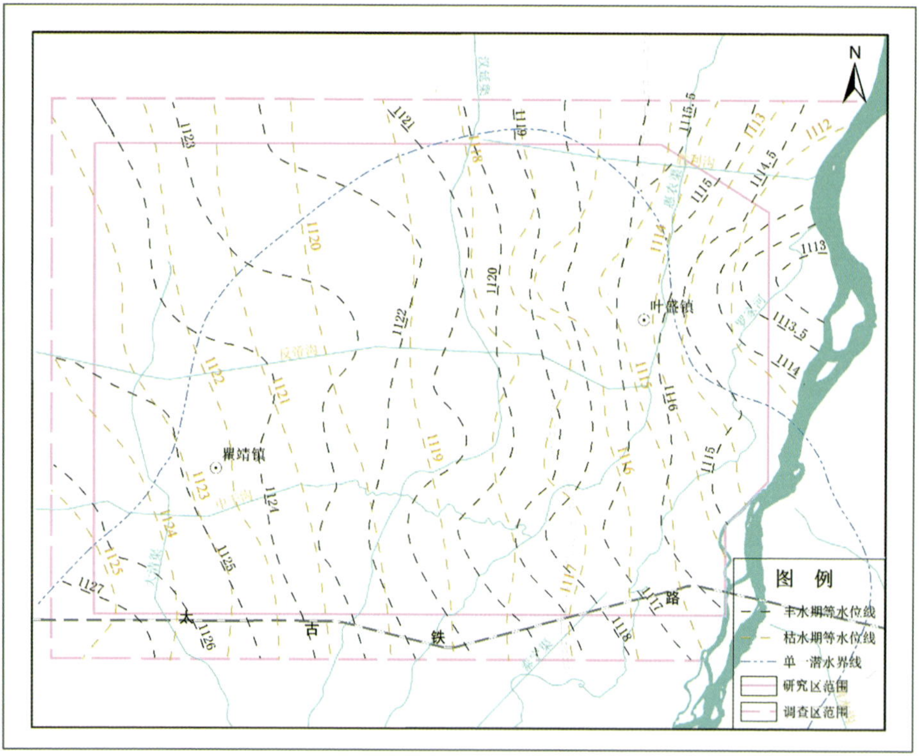

图2-5　等水位线图

2.3　地下水动态特征

2.3.1　单一潜水区

该层地下水主要受农田灌溉入渗影响，其次为大气降水入渗补给影响，同时还与地形、地貌、地层、人类活动有密切关系，根据动态观测资料，水位继上年底至第二年初持续下降，从四月份开始，恰逢春灌，水位上升，至八月份水位达到最大值出现第一次水位高峰，九月份渠道停止行水和田间灌溉，水位开始下降。水位年变幅2.764 m，地下水动态类型属灌溉入渗型（图2–6）。

2.3.2　多层结构区

多层结构区布设的长观孔位于第Ⅱ含水岩组，其主要补给来源是垂向越流补给和侧向径流补给，垂向补给主要受农田灌溉、渠系、大气降水入渗控制，地下水水位埋深较浅，年水位波动较大，水位埋深为1.33~3.743 m，继上年底至第二年初，水位持续下降，4月初出现最低水位。4月中、下旬渠系行水进行农田灌溉，地下水水位开始回升，形成年内第一次高峰。停灌后水位随之下降。地下水动态类型属灌溉入渗型（图2–7）。

2.4　地下水水化学特征

根据施工钻孔采取的综合分析钻孔中的48组全分析水样，研究区南部单一潜水区水化学类型以 HScm 型，HScn 型，HSmc 型，HSmn 型为主；东南部靠近黄河地区水化学类型为 HCcm 型。研究

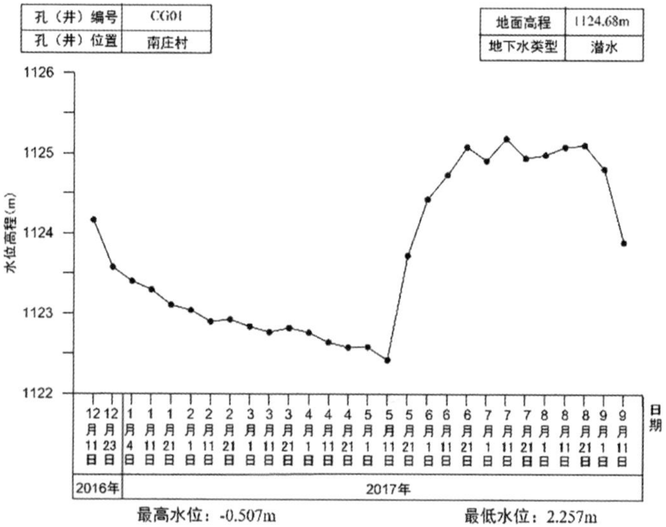

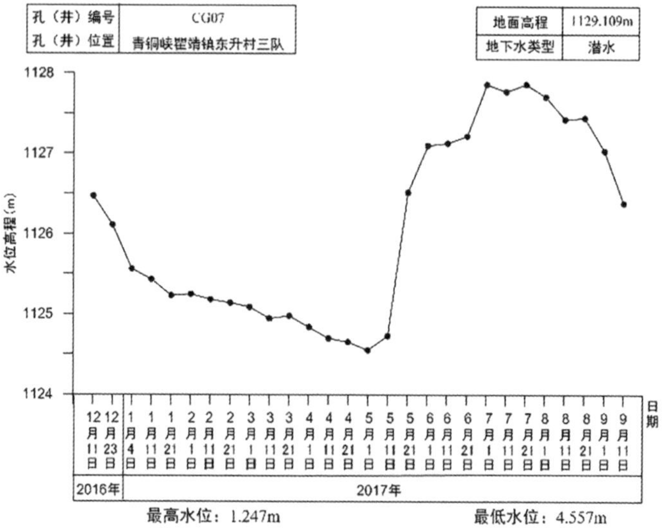

图2-6　潜水动态变化曲线

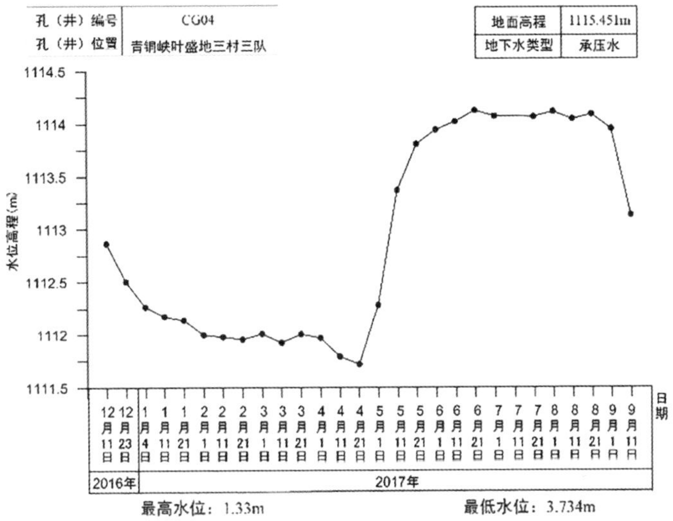

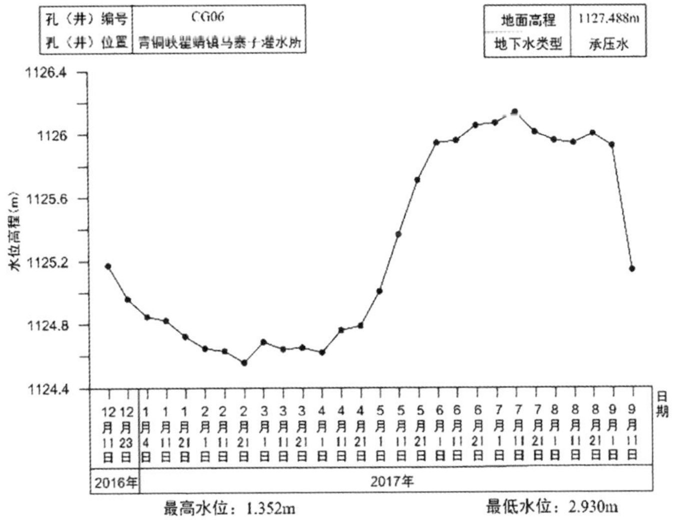

图2-7　承压水动态变化曲线

区北部多层结构区上部（Ⅱ组）含水层在汉延渠两侧水化学类型以HSnc型、HSnm型为主，向东西两侧水化学类型过渡为HCnc型、HCnm型，平面图中两侧基本对称。东部靠近黄河一带与单一潜水区东南部水化学类型一致，为HCcm型（图2-8）。

东北部多层结构区Ⅲ组水质较好，水化学类型以HSnc型、HSnm型为主，溶解性总固体含量均小于1 g/L。

总体来说水质整体较好，除西北部多层结构区溶解性总固体含量在1~2 g/L外，其他区域均小于1g/L。西北部溶解性总固体含量高的原因主要包括三方面，一是由于西北部靠近台地，台地基底由可溶盐含量高的古近系清水营组泥质岩类构成，研究区临近台地的含水层中古近系泥质岩类碎屑含量高，地下水与其长期接触，融入了含水层中的可溶盐，导致溶解性总固体升高，水质变差；二是研究区接受台地高矿化度地下水的补给；三是该地段水位埋深大多为0~3 m，强烈的蒸发浓缩作用，导致盐分在地表附近聚集，使溶解性总固体逐渐升高。

单一潜水及多层级结构区超标离子以总硬度、铁、锰为主（图2-9）。其中总硬度大致以汉延渠为界，以西总硬度普遍超标，以东均未超标；铁离子含量除研究区北部和瞿靖镇至汉延渠西侧地段未超过限值外，其他区域均超过限值；研究区内锰离子含量普遍超过限值。

取样结果发现东北部多层结构区Ⅲ组铁、锰情况相对较好，锰含量为0.044~0.137 mg/L，局部略超标，铁含量为0.18~0.27 mg/L，均未超标。

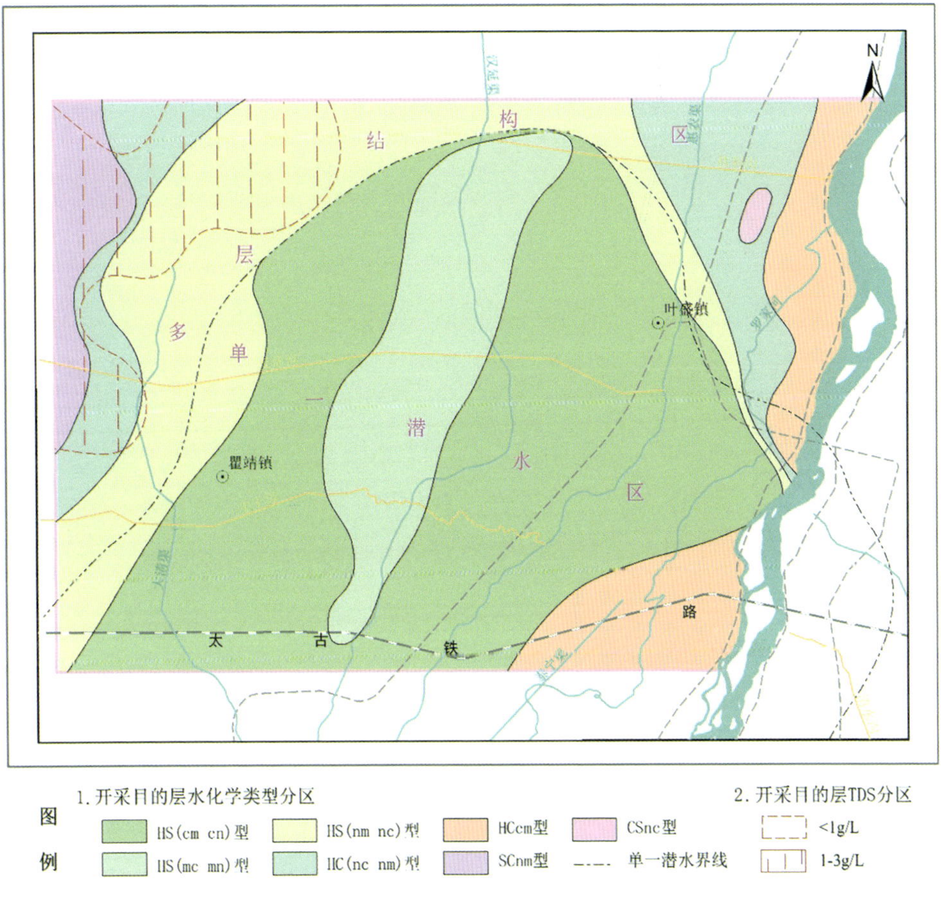

图2-8　含水层水化学类型图

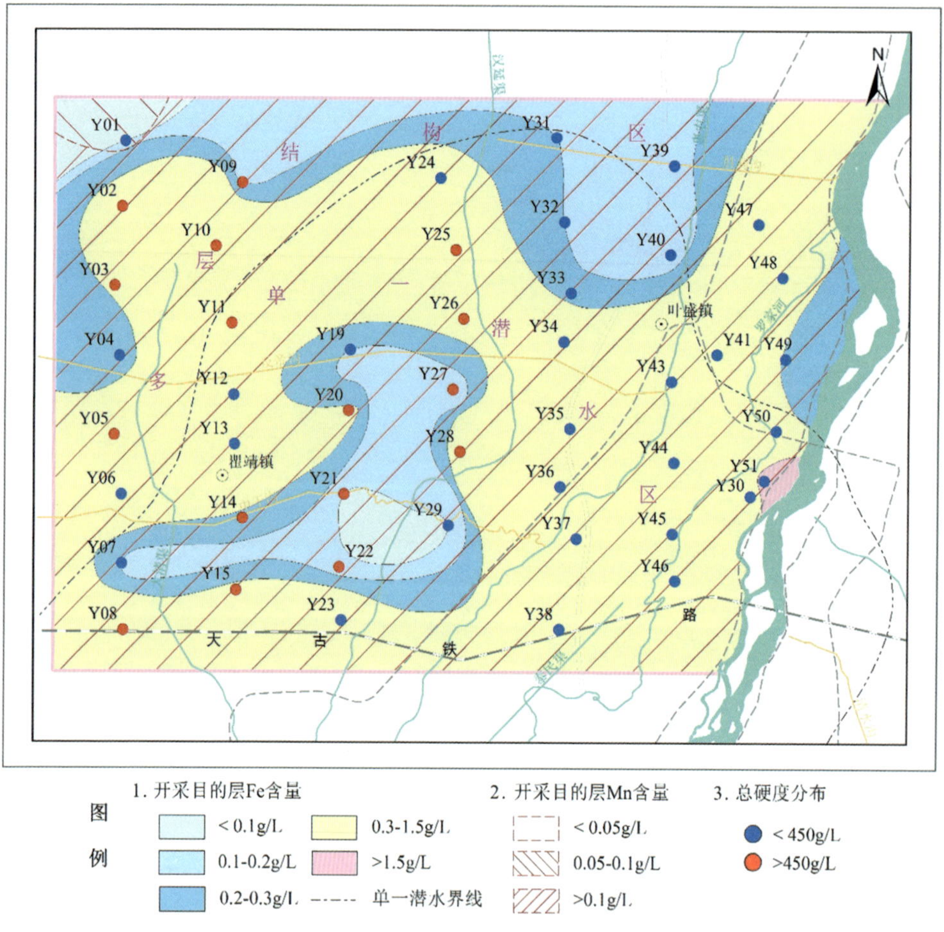

图2–9 含水层Fe、Mn、总硬度含量分布图

第3章　水资源评价

3.1　评价原则及方法

3.1.1　地下水资源评价原则

综合分析研究区地质、水文地质特征，开采情况下地下水流场的变化规律及其他影响因素的基础上，确定以下地下水资源评价原则：

（1）在水资源评价上要充分考虑允许开采资源量10~12万 m^3/d，开采期预测20年（7 300 d）。

（2）单一潜水区分布面积及厚度较大，地下水具有自由水面，抽水主要是来自含水层孔隙水的疏干，水资源计算时面对东部边界紧临黄河，对单一潜水区水位叠加计算时采用直线解析法将黄河概化成定水头补给边界，并将大厚度含水层推算成有效含水层厚度，采用开采的完整井群运动理论作为评价依据。

（3）多层结构区含水层采用有越流补给的弱透水层弹性释水量忽略不计的半承压含水层，地下水流向与同层开采的完整井群运动理论作为评价依据。

（4）评价范围只限于本次研究区内的开采层位及水源地布井方案投产后产生降落漏斗影响的范围。

（5）资源计算和水位降深预测均以水源地勘探、试验各项成果为基础资料，选取水文地质参数。利用开采状态下的各项补给量论证允许开采量的保证程度。

（6）水质评价除铁锰离子偏高外，其他指标基本满足国家《生活饮用水卫生标准》（GB5749—2006）和一般工业锅炉用水水质评价标准。

3.1.2 评价方法

利用井群干扰叠加解析法和开采强度法预测开采条件下水源地井群地下水水位变化情况，采用开采条件下各项补给量计算及补给量法进行水资源评价，此外利用数值法进一步论证水源地开采资源的保证程度。水质变化趋势采用各项补给量和含水层储存量水质混合法进行水质预测评价。

3.2 水文地质条件概化及数学模型建立

3.2.1 水文地质条件概化

勘探所取得的地层资料及孔组抽水试验成果资料，结合前人勘探成果，根据本次为合理评价地下水资源，经综合分析研究，将拟选水源地水文地质条件概化如下：

（1）将研究区中部及南部大部分地区概化为大厚度潜水含水层，含水层均质、各向同性；单井定流量抽水，井径无限小，降深远小于含水层厚度。

（2）潜水具有自由水面，抽水时不产生越流补给视为水平无界，抽水时水位下降不能产生含水层的水瞬时排出，存在着滞后现象。

（3）研究区东北部存在面积不大的多层结构，第Ⅰ含水岩组底板和第Ⅱ含水岩组顶板之间存在0.7~2.88 m厚的分布连续的粘砂土弱透水层。并且第Ⅰ含水岩组水头高出第Ⅱ含水岩组水头0.124 m，Ⅲ组水头高出Ⅱ组水头0.04 m，Ⅱ组和Ⅲ组之间存在着1.95 m厚的砂粘土弱隔水层，导致两者承压水头基本相似。在孔组抽水时相邻层位含水岩组地下水位反应灵敏，水位很快出现下降。当第Ⅱ含水岩组作非稳定流抽水试验时，抽水168小时后，主孔水位下降6.096 m，相邻层位观测孔Ⅰ组水位下降0.614 m，Ⅲ组水位下降0.347 m。而当Ⅱ、Ⅲ含水岩组作垂直干扰抽水试验时，同样抽水168小时Ⅰ组水位在70小时水位下降了0.710 m，而后水位有所回升，长时间出现了稳定值，最终抽水结束时，Ⅰ组水位只下降了0.484 m。这就充分说明了第Ⅱ含水岩组作非稳定流抽水试验时，本地区存在着第Ⅰ含水岩组上覆越流补给和第Ⅲ含水岩组下卧顶托补给弱透水层，证明三层水保持着密切的水力联系。因此把研究区东北部概化为有越流补给的含水岩组。

（4）孔组垂直干扰抽水时，上覆越流补给层（第Ⅰ含水岩组）地下水位降深值早期较大为0.710 m，但到后期水位有所回升并趋于稳定，故将越补层地下水位概化为定水头。抽水资料显示Ⅱ、Ⅲ含水岩组存在着垂直干扰，所求的水文地质参数能够代表垂直干扰状态下的含水层之间的水力联系情况。

（5）将含水层地下水初始条件概化成无水平补给，初始水力坡度为零，运动是严格的平面流。

（6）勘探期间的抽水孔和初拟水源地的开采井均按完整井计算。

3.2.2 水文地质模型建立

结合水源地的水文地质条件，抽水试验单一潜水区采用潜水完整井非稳定流计算模型，即 Boulton 模型和 Neuman 模型；对多层结构区承压含水层采用承压水完整井非稳定流计算模型，即 Hantush 模型。

（1）Boulton 模型（考虑迟后疏干）：

$$T=\frac{Q}{4\pi S}W\left(\mu_A,\ \mu_Y,\ \frac{\gamma}{D}\right)$$

$$S_A=\frac{4Tt}{r^2\left(\frac{1}{u_A}\right)}$$

$$S_y\left(u_e\right)=\frac{4Tt}{r^2\left(\frac{1}{u_y}\right)}$$

$$K=\frac{T}{h_0}$$

$$a=\frac{T}{s_y}$$

式中：

T—含水层导水系数（m^2/d）；

Q—抽水井出水量（m^3/d）；

S_A—早期的贮水系数（无量纲）；

S_y（u_e）—后期的贮水系数（含水层重力给水度，无量纲）；

r—观测孔距抽水井的距离（m）；

W（u_A，u_y，r/D）—纵坐标井函数（无量纲）；

t—计算点抽水时间（d）；

$\frac{1}{u_A}$，$\frac{1}{u_y}$—配线拟合点横坐标前后期井函数（无量纲）；

$\bar{h}_0$—含水层平均厚度（m）；

K—渗透系数（m/d）；

a—导压系数（m^2/d）。

（2）Neuman 模型（考虑流速垂直分量和弹性释水量）：

$$T=\frac{Q}{4\pi S}\ S_d$$

$$S_A=\frac{Tt}{r^2\ (t_S)}$$

$$S_y\ (u_e)\ =\frac{Tt}{r^2\ (t_y)}$$

$$K=\frac{T}{\bar{h}_0}$$

$$a=\frac{T}{S_y}$$

式中：

K_r—径向渗透系数（m/d）；

S_d—配线法拟合点标准曲线纵坐标井函数（无量纲）；

t_s、t_y—配线法拟合点标准曲线前、后期横坐标井函数（无量纲）；

其他符号意义同前。

（3）Hantush 模型

$$T=\frac{Q}{4\pi S}W\left(u,\frac{r}{B}\right)$$

$$S^{*}=\frac{Tt}{r^{2}\left(\frac{1}{\mu}\right)}$$

$$B=\frac{r}{\frac{r}{\mu}}$$

$$a=\frac{T}{S^{*}}$$

$$\frac{K^{'}}{M^{'}}=\frac{T}{B^{2}}$$

$$K=\frac{T}{M}$$

式中：

S_*—含水层弹性释水系数（无量纲）；

$\frac{K^{'}}{M^{'}}$—越流系数（1/d）；

K′ —隔水层渗透系数（m/d）；

M′ —隔水层厚度（m）；

其他符号意义同前。

3.2.3 参数选取

根据建立的水文地质数学模型和孔组非稳定流抽水试验取得的资料，单一潜水区和多层结构区分别采用配线法、直线图解法、水位恢复法进行参数计算。

上述三种方法，分别依据各抽水资料，计算求得各项水文地质参数，结果见表3-1、表3-2。

表 3-1 单一潜水区参数选取

T（m^2/d）	a（m/d）	μ	k（m/d）	R（m）
1 178.86	3.3×10^{3}	0.35	14.231	417.98

表 3-2 多层结构区参数选取

含水岩组	T（m^2/d）	S*	a（m^2/d）	$\frac{k'}{M'}$（1/d）	B（m）	K（m/d）	R（m）
第Ⅱ含水岩组	859.73	0.88×10^{-3}	0.96×10^{6}	2.45×10^{-4}	632.684	9.433	479.69
第Ⅲ含水岩组	970.061	4.925×10^{-4}	1.95×10^{6}	9.5×10^{-4}	1008.788	15.546	523.80

3.3 水源地降深预测

3.3.1 干扰叠加法

本水源地东部边界紧临黄河，水源地东侧的一排开采井距黄河岸边直线距离只有1 km左右，在对单一潜水区水位叠加计算时将黄河概化成一条北北东向的直线定水头补给边界，运用地下水映像法的基本原理，将映像前的边界条件和水流状态概化为映射后所得的无限含水层问题。通过映射，补给边界附近的24眼单一潜水抽水井转化为无限含水层中的24眼单一潜水抽水井和24眼注水井的问题，东北部的12组（24眼）多层结构区Ⅱ、Ⅲ组姊妹井抽水保持不变。

预测开采井水位降深采用下列公式：$S=S_1+S_2$

（1）单一潜水区

① 设计开采井单井井壁降深

$$S_1=\frac{2.3Q}{4\pi S}\lg\frac{2.25at}{r_0^2}$$

② 设计开采井井群间干扰叠加降深

$$S_2=H-\sqrt{H^2-\frac{Q}{2\pi K}\sum_{i=1}^{n}W(u_i)}$$

式中：

S_1—抽水井自身井壁降深（m）；

S_2—开采井群干扰叠加降深（m）；

r_0—抽水井半径（m）；

H—含水层厚度（m）；

W（u_i）—井函数（实井、映射井）；

其他符号意义同前。

计算结果见表3-3。

表 3-3　单一潜水设计开采井水位降深预测

井号	水位埋深（m）	年变幅（m）	井阻损失（m）	开采井井壁降深（m）	开采井群水位影响降深（m）	井壁水位埋深（m）	井内水位埋深（m）
25	3.757	2.776	3.28	3.588	2.759	12.880	16.160
26					2.271	12.392	15.672
27					2.713	12.834	16.114
28					5.896	16.017	19.297
29					5.557	15.678	18.958
30					5.021	15.142	18.422
31					4.003	14.124	17.404
32					5.938	16.059	19.339
33					6.812	16.933	20.213
34					7.376	17.497	20.777
35					7.414	17.535	20.815
36					6.724	16.845	20.125
37					5.582	15.703	18.983
38					7.467	17.588	20.868
39					8.099	18.220	21.500
40					8.493	18.614	21.894
41					8.477	18.598	21.878
42					7.231	17.352	20.632
43					6.070	16.191	19.471
44					7.238	17.359	20.639
45					7.269	17.390	20.670
46					6.275	16.396	19.676
47					5.830	15.951	19.231
48					4.850	14.971	18.251

（2）多层结构区

① 设计开采井井壁降深

$$S_1=\frac{2.3Q}{4\pi T}\lg\frac{2.25at}{r_0^2}$$

② 设计开采井井群间干扰叠加降深

$$S_2=\frac{Q}{4\pi T}\sum_{i=1}^{n}w\left(u_1,\frac{r}{B}\right)$$

式中：

S_1—抽水井自身井壁降深（m）；

S_2—开采井群间干扰叠加降深（m）；

$w\left(u_1,\frac{r}{B}\right)$—开采井群井函数；

其他符号意义同前。

计算结果见表3–4、表3–5。

表 3–4　第Ⅱ含水岩组设计开采井水位降深预测

井号	水位埋深（m）	年变幅（m）	井阻损失（m）	开采井井壁降深(m)	开采井群水位影响降深（m）	井壁水位埋深（m）	井内水位埋深（m）
1	3.905	2.732	1.34	6.228	1.364	14.229	15.569
3					2.168	15.033	16.373
5					1.586	14.451	15.791
7					0.006	12.871	14.211
9					2.399	15.264	16.604
11					2.774	15.639	16.979
13					3.193	16.058	17.398
15					2.437	15.302	16.642

续表

井号	水位埋深（m）	年变幅（m）	井阻损失（m）	开采井井壁降深(m)	开采井群水位影响降深（m）	井壁水位埋深（m）	井内水位埋深（m）
17	3.905	2.732	1.34	6.228	2.516	15.381	16.721
19					3.413	16.278	17.618
21					4.118	16.983	18.323
23					4.639	17.504	18.844

表 3-5　第Ⅲ含水岩组设计开采井水位降深预测

井号	水位埋深（m）	年变幅（m）	井阻损失（m）	开采井井壁降深（m）	开采井群水位影响降深（m）	井壁水位埋深（m）	井内水位埋深（m）
2	4.875	3.109	5.210	5.666	0.970	14.164	19.830
4					2.093	15.287	20.953
6					1.403	14.597	20.263
8					0.834	14.028	19.694
10					1.173	14.367	20.033
12					1.549	14.743	20.409
14					1.603	14.797	20.463
16					1.278	14.472	20.138
18					0.862	14.056	19.722
20					1.151	14.345	20.011
22					1.283	14.477	20.143
24					1.009	14.203	19.869

3.3.2 开采强度法

（1）单一潜水区

预测开采末期虚拟开采井群中心水位降深。计算公式如下：

$$S_{中}=\frac{(\varepsilon-E)\cdot t}{u_e}\cdot S^*\left(\frac{L_x}{2\sqrt{at}},\frac{L_y}{2\sqrt{at}}\right)$$

$$\varepsilon=\frac{Q}{4L_x\cdot L_y}$$

$$E=\frac{\Delta H\cdot\mu_e}{365}$$

式中：

$S_{中}$—开采井群中心井水位降深（m）；

S^*—水位折减系数（无量纲）；

ε—开采区开采强度（m/d）；

E—垂向渗入补给强度（m/d）；

△H—水位动态变幅（m）；

Lx—概化区长边长之半（m）；

Ly—概化区短边长之半（m）；

其他符号意义同前。

单一潜水区计算结果见表3–6、表3–7。

表 3-6　开采强度法水位降深预测表

Lx（m）	Ly（m）	ε（m/d）	E（m/d）	S*	μe	a（m^2/d）	t（d）	△H（m）	Sw（井壁降深）	Sn（井内降深）
2391	1 876	0.0033	0.0027	0.1916	0.35	3 368.17	7 300	2.776	2.726	6.006

表 3-7　开采强度法水位最大埋深预测表

含水岩组	水位埋深（m）	井阻损失（m）	预测井壁降深（m）	年变幅（m）	井群影响降深（m）	井壁水位埋深（m）	井内水位埋深（m）
单一潜水	3.757	3.28	11.578	2.776	0.322	18.433	21.713

（2）多层结构区

水源地预测开采末期虚拟开采井群中心水位降深。计算公式如下：

$$S_1=\frac{(\varepsilon-E)\cdot t}{S^*}S\left(\frac{L_x}{2\sqrt{at}},\frac{L_y}{2\sqrt{at}}\right)$$

式中：

S_1— 概化区中心虚拟井水位降深（m）；

E—越补强度；

$E=\frac{k'}{M'}\cdot\Delta H$（m/d）；

ε —开采强度。

$$\varepsilon = \frac{Q}{4 \cdot L \cdot b} \text{ (m/d)}$$

式中：

t — 开采时间（d）；

S — 水位折减系数（无量纲）；

L — 概化区长边长之半（m）；

b — 概化区短边长之半（m）；

ΔH — 水位差，即第Ⅱ含水岩组布井区中心水位降深与概化区边界降深的几何平均值（m）。

其他符号意义同前。

多层结构区第Ⅱ含水岩组和第Ⅲ含水岩组参数选取及计算结果见表3-8、表3-9。

表 3-8　开采强度法水位埋深预测

含水岩组	L（m）	b（m）	ε（m/d）	E（m/d）	S*	a（m^2/d）	t（d）	S（α，β）	S_1（m）
Ⅱ	1 962	1 456	0.002625	0.0017	0.00088	0.96 × 106	7300	0.002	15.178
Ⅲ			0.002625	0.0022	0.00049	1.95 × 106		0.0033	18.712

表 3-9　开采强度法最大水位埋深预测

含水岩组	S_1（m）	水位埋深（m）	年变幅（m）	井损（m）	井壁水位埋深（m）	井内水位埋深（m）
Ⅱ	14.419	3.905	2.732	1.34	21.056	22.396
Ⅲ	8.241	4.875	3.109	5.21	16.225	21.434

通过干扰叠加法和开采强度法分别计算开采井在开采20年后最大水位埋深。干扰叠加法预测单一潜水区开采井井内最大水位埋深为21.894 m（内壁最大水位埋深18.614 m），开采强度法预测单一潜水区开采井中心井内最大埋深为21.713 m（内壁最大水位埋深18.433 m），均未超过允许埋深30.0 m；干扰叠加法预测多层结构区第Ⅱ含水岩组和第Ⅲ含水岩组开采井井内最大埋深分别为18.844 m、20.953 m（内壁最大水位埋深分别为17.504 m、15.287 m），开采强度法预测多层结构区第Ⅱ含水岩组和第Ⅲ含水岩组开采井中心井内最大埋深分别为22.396 m、21.434 m（内壁最大水位埋深分别为21.056 m、16.225 m），均未超过允许埋深50.3 m。说明该水源地布井合理，单井允许开采量限制可行。

通过干扰叠加法预测20年后形成的降落漏斗范围如图3-1所示，取降落漏斗外围干扰叠加影响降深0.2 m所形成的区域作为本次均衡区范围，其中潜水漏斗面积147.31 km^2，多层结构区第Ⅱ含水岩组漏斗面积27.029 km^2，第Ⅲ含水岩组漏斗面积38.753 km^2，多层结构区Ⅱ、Ⅲ含水岩组漏斗区面积均包含在上部潜水区漏斗范围之内。

3.4　开采资源评价——解析法

3.4.1　开采条件下补给量计算

本次研究区内拟选水源地布井区位于单一潜水区和多层结构区相互交错过渡地段，东部多层结构区上部潜水和西部大厚度单一潜水区地下水相互连通，在所计算的Ⅱ、Ⅲ含水岩组降落漏斗

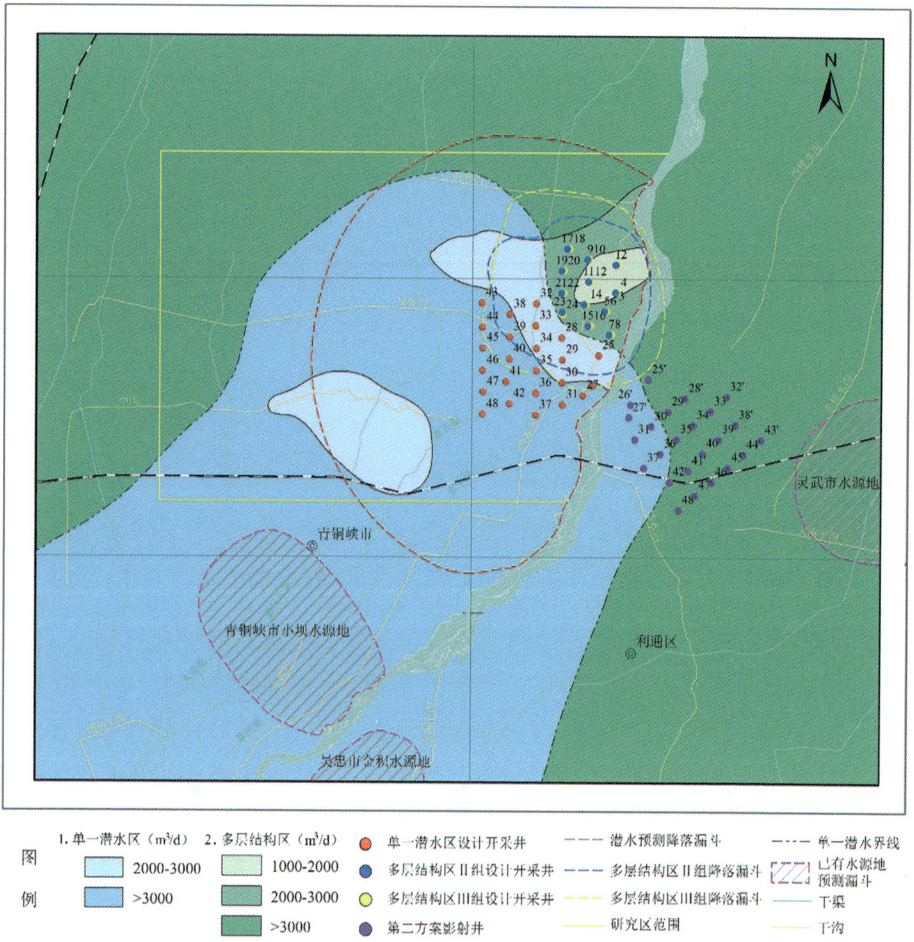

图3-1 降落漏斗范围示意图

1/3面积已跨入单一潜水区。虽然Ⅱ、Ⅲ含水岩组地下水主要补给来源是上部潜水通过弱透水层的越流补给，但上部潜水已大面积连通，地下水位承压性不明显，因此在水资源量计算时不再分别计算Ⅱ、Ⅲ含水岩组越流补给量，统一按潜水有关计算补给量的方法计算。补给资源量计算以水源地预测连续开采20年后的降落漏斗范围为计算区域，计算含水层在开采状态下的各项补给资源量，并论证其保证程度。

水源地投产后，由于井群集中开采，改变了地下水天然动态平衡，将会激发新的补给量。在开采状态下，含水岩组补给量主要有侧向径流补给量、黄河水激发补给量和垂直入渗补给量。

（1）侧向径流补给量

根据预测开采末期（20年）降落漏斗范围所确定的侧向径流补给断面长度作为侧向径流补给边界，计算断面见图3-2。水力坡度取漏斗范围内计算值，采用达西公式计算。

计算公式：$Q_{侧补}=K\cdot m\cdot L\cdot I$

式中：

$Q_{侧补}$——地下水的侧向径流补给量（m^3/d）；

其他符号意义同前，取值及计算结果见表3-10。

表 3–10　侧向径流补给量计算表

含水岩组		计算断面	K（m/d）	m（m）	L（m）	I	Q（万 m^3/d）
单一潜水区		$\overset{\frown}{ABC}$	7.886	251.64	19 577	0.000582	2.261
多层结构区	Ⅰ	$\overset{\frown}{CDE}$	5.842	54.10	10731	0.000814	0.276
	Ⅱ	$\overset{\frown}{FGH}$	3.537	98.25	8762	0.000809	0.246
	Ⅲ	$\overset{\frown}{IJK}$	3.897	85.30	11117	0.000809	0.299
合计							3.082

（2）黄河水激发补给量

开采井群东侧紧临黄河，水源地建成投产后，地下水开采条件发生变化，水位降落漏斗东部边界达到黄河岸边，将会形成较强的河流激发补给，地下水补给方式排泄途径有所改变，地下水流场也会发生较大的变化，并将形成新的地下水动态平衡，为合理计算地下水在开采条件下的补给量，将漏斗范围波及到黄河边界的长度，概化成一条定水头补给边界，根据确定的黄河定水头补给边界长度作为断面补给长度（图3–2，A–H 断面），采用达西公式进行计算，为了补给量的保证程度，含水层厚度取含水层有效带厚度。取值及计算结果见表3–11。

表3–11　黄河激发补给量计算表

计算断面	K（m/d）	m（m）	L（m）	I	Q 黄补（万 m^3/d）
$\overset{\frown}{AH}$	5.842	86.788	9 399	0.00188	0.899

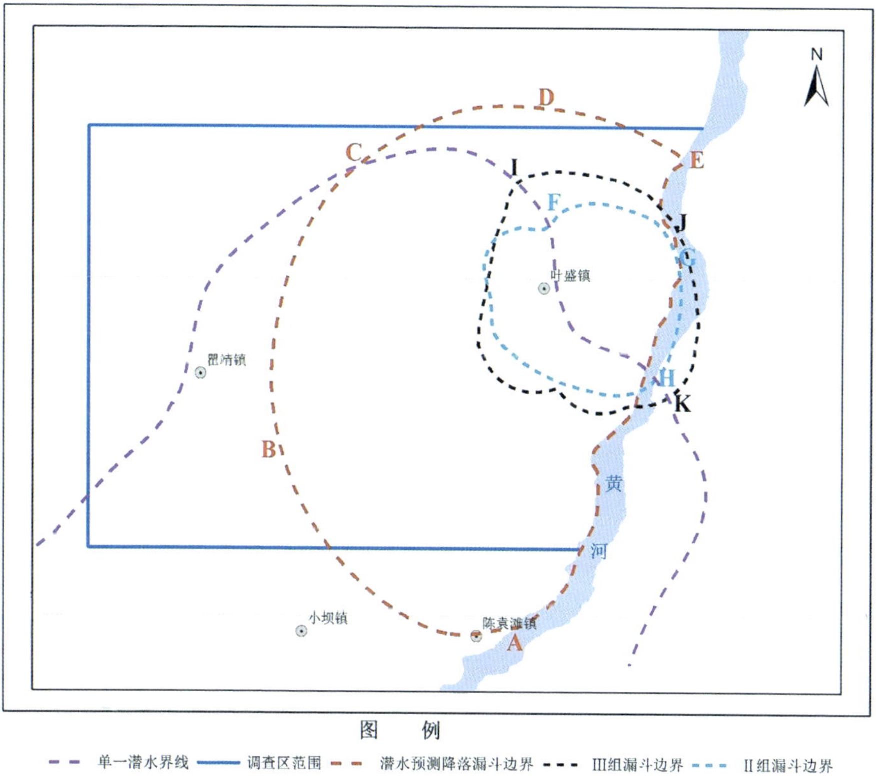

图3–2　侧向径流计算断面图

（3）垂直入渗补给量

在天然状态下，潜水的补给和排泄受大气降水、蒸发、渠系渗漏、灌溉水的下渗等多种因素影响，综合反映在地下水水位变化上，因而采用地下水动态观测资料计算调节量，用调节量代替天然补给量。计算公式如下：

$$Q_{\text{垂向}}=\frac{F\cdot \Delta H\cdot \mu_e}{365}$$

式中：

$Q_{\text{垂向}}$—垂向调节量（m^3/d）；

F—降落漏斗面积（m^2）；

△ H—地下水动态年变幅，根据长期观测资料取值（m）；

μ_e—重力给水度（无量纲）。

取值及计算结果见表3-12。

表 3-12　垂向入渗补给量计算表

F（m^2）	△ H（m）	μ e	Q 垂向（万 m^3/d）
147.31×10^6	2.776	0.09	10.08

由以上计算结果可知，水源地在开采条件下，主要补给量有侧向径流补给、黄河水激发补给及各种条件下垂直入渗补给，总补给量可达14.061万 m^3/d，和水源地勘探需水量12万 m^3/d 相比，总补给量大于勘探需水量，说明能够保证12万 m^3/d 总开采量，水源地开采井群同步开采是有保证的。含水岩组所获得的各项补给量见表3-13。

表 3-13 开采条件下各项补给量计算表

补给项	Q 侧向（万 m^3/d）	Q 黄补（万 m^3/d）	Q 垂向（万 m^3/d）	合计（万 m^3/d）
补给量	3.082	0.899	10.080	14.061

3.4.2 天然状态下水均衡计算

（1）水均衡方程

天然资源按均衡法计算。各均衡要素利用经验公式、理论公式或近似公式分别计算。均衡方程式如下：

$$\Delta Q = Q_{补} - Q_{排}$$

式中：

ΔQ—均衡期内地下水体积变化量（万 m^3/d）；

$Q_{补}$ — 地下水各项天然补给量之和（万 m^3/d）；

$Q_{排}$ — 地下水各项天然排泄量之和（万 m^3/d）。

研究区地下水的补给来源主要包括田间灌溉水回渗、渠系渗漏、大气降水入渗及地下水侧向径流补给；排泄途径主要为蒸发排泄、向排水沟排泄及侧向流出。

（2）区域补给量计算

①大气降水入渗补给量

计算公式：

$$Q_{降入} = 10^{-1} \cdot F \cdot A \cdot \alpha \cdot r$$

式中：

$Q_{降入}$——降水入渗补给量（m^3/d）；

F——均衡区的面积（km^2）；

A——年降水量（mm）；

α——降水入渗系数；

r——有效降雨量百分比。

降雨入渗面积取均衡区的面积，年降水量取青铜峡市气象站多年降水量的平均值，根据平原区包气带岩性划分降水入渗系数分区图（图3-3），入渗系数及有效降雨量百分数取值参考《宁夏地下水资源》及《银川平原农业生产基地地下水资源及环境地质综合勘查报告》。参数选取及计算结果见表3-14。

表 3-14　降水入渗量计算表

分区编号	入渗系数	面积（km^2）	年降水量（mm）	有效降水量百分数	入渗量（万 m^3/d）
Ⅰ1	0.23	4.317	186.18	0.55	0.028
Ⅰ2	0.23	65.960			0.426
Ⅱ	0.22	51.209			0.316
Ⅲ1	0.24	5.390			0.036
Ⅲ2	0.24	13.356			0.090
Ⅳ	0.21	7.078			0.042
合计		147.310			0.937

②田间灌溉入渗补给量

田间灌溉入渗补给量是灌溉水进入作物田间后，经包气带渗漏补给地下水的水量。灌溉面积根据调查取得的“2016年青铜峡

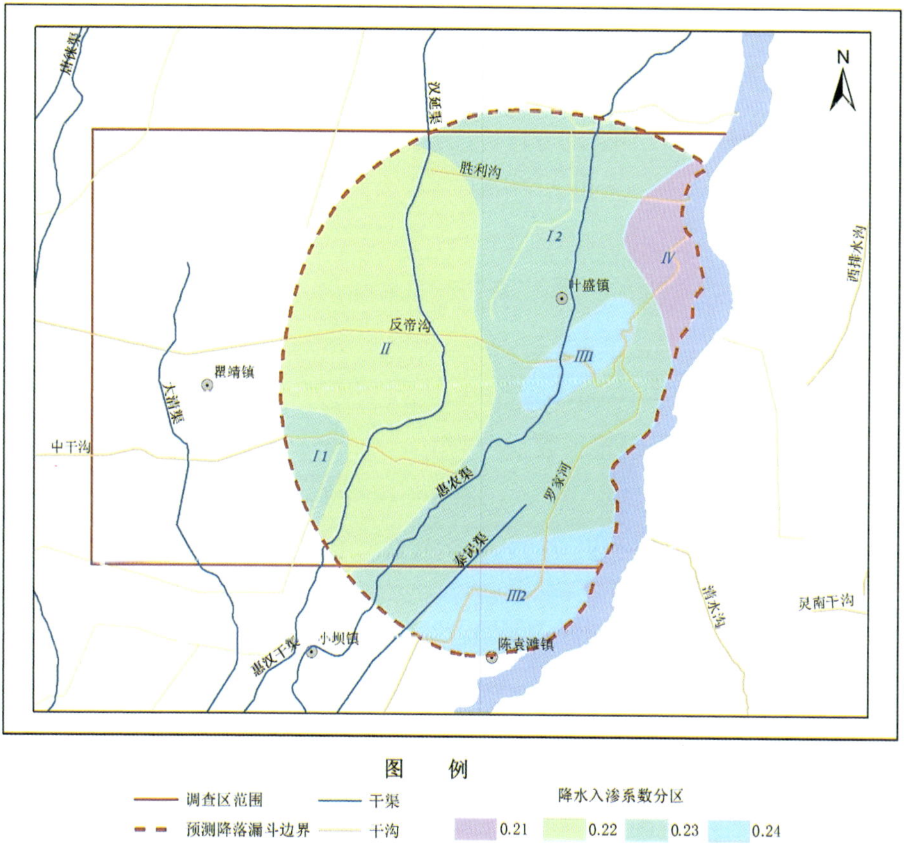

图3-3　大气降水入渗系数分区图

市各乡镇土地利用规划指标耕地保有量基本农田分解表”。灌溉定额数值取自《宁夏农业灌溉用水定额》（宁政办发〔2014〕182号）文件中青铜峡河西银南灌区定额，水田1100 m^3/亩·a，旱作水浇地420 m^3/亩·a，灌溉入渗系数引用《银川平原农业生产基地地下水资源及环境地质综合勘查评价报告》中银南地区灌溉入渗系数，旱作水浇地取0.28、水田取0.164。

计算公式为：

$$Q_{田渗}=\alpha \cdot Q_{田间}$$

式中：

$Q_{田渗}$—田间灌溉渗入补给量（m^3/d）；

α—灌溉渗入补给系数；

$Q_{田间}$—田间灌溉水量，采用灌溉面积与灌溉定额的乘积。

取值及计算结果见表3-15。

表 3-15　田间灌溉水入渗量计算表

漏斗面积（km^2）	实灌面积（km^2）		灌溉定额（m^3/亩·年）		入渗系数（α）		入渗量（万 m^3/d）		合计（万 m^3/d）
	水田	旱田	水田	旱田	水田	旱田	水田	旱田	
147.310	100.173	5.382	1100	420	0.164	0.28	7.426	0.260	7.686

③干渠渗漏补给量

流经均衡区的干渠有汉延渠、惠农渠和泰民渠，渠系渗入量采用下列公式计算。

$$Q_{渠渗}=\alpha \cdot Q_{引}$$

式中：

$Q_{渠渗}$—渠系渗漏补给量（m^3/d）；

α—渠系渗漏系数，参考《宁夏沿黄经济区水文地质环境地质调查报告》；

$Q_{引}$—渠系引水量。

渠系引水量取值及计算结果见表3-16。

表 3-16 渠道渗漏补给量计算表

渠系名称	渠系引水量（10^8m^3）	渠系总长度（km）	研究区内长度(km)	渠系补给系数（α）	渠系渗漏量（万 m^3/d）
汉延渠	4.49	88.05	14.314	0.07	1.400
惠农渠	8.84	150.74	16.868	0.07	1.897
泰民渠	0.61	10.06	5.112	0.07	0.594
合计	13.94	248.85	36.294		3.891

④地下水侧向径流补给量

地下水侧向径流补给量采用达西断面法计算，计算公式如下：

$Q_{侧}=K\cdot m\cdot L\cdot I$

式中：

$Q_{侧}$——地下水的侧向径流补给量（m^3）；

K——渗透系数（m/d）；

m——含水层厚度（m）；

L——计算断面长度（m）；

I——水力坡度。

地下水统测结果显示，区内地下水自西南向北东方向径流，渗透系数和含水层厚度采用计算断面附近钻孔抽水试验计算结果，参数选取及计算结果见表3-17。

表 3-17　侧向径流补给量计算表

渗透系数 K（m/d）	含水层厚度 m（m）	断面长度 L（m）	水力坡度 I	侧向补给量（万 m^3/d）
7.886	251.64	8 837	0.00035	0.614

（3）区域排泄量计算

①蒸发量

漏斗区内潜水蒸发是地下水垂向排泄的主要途径，潜水蒸发量按下式计算：

$Q_{蒸发}=10^{-1}F\cdot\varepsilon$

式中：

$Q_{蒸发}$—潜水蒸发量（万 m^3/a）；

F— 潜水蒸发面积（km^2）；

ε — 潜水年蒸发度（mm）。

$$\varepsilon=\varepsilon_0\left(1-\frac{\Delta}{\Delta_0}\right)^n$$

式中：

ε_0—水面蒸发量（mm/a）；

Δ—计算区潜水平均埋藏深度（m）；

Δ_0—潜水不被蒸发的极限深度（m）；

n —与土质有关的系数。

据勘探资料，均衡区内地下水位埋藏较浅，灌期水位埋深小于3 m（图3–4），枯水期绝大部分地区水位埋深大于3 m，按照蒸发极限深度为3 m，与土质有关的系数取2，青铜峡市气象站多年蒸发量的平均值为1847.46 mm，水面蒸发量按系数0.6将气象站蒸发量换算成大面积水面蒸发量后使用。计算结果见表3–18。

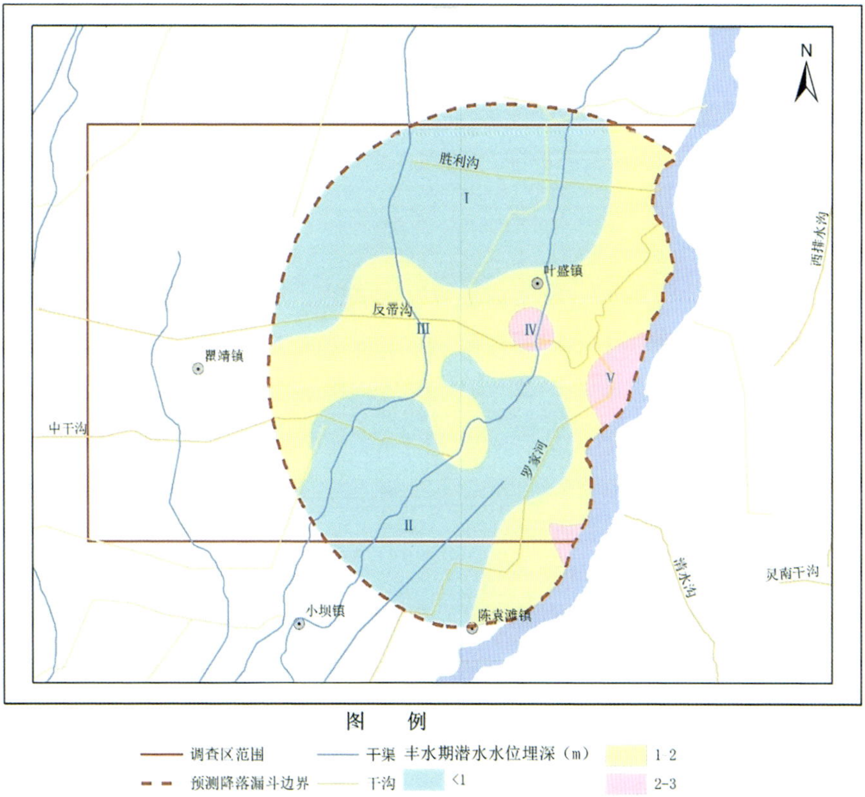

图3–4　丰水期潜水水位埋深分区图

表 3–18　潜水蒸发量计算表

分区编号	埋深分区（m）	面积（km^2）	水面蒸发量（mm）	水位平均埋深（m）	年蒸发度（mm）	蒸发量（万 m^3/d）
Ⅰ	<1	44.301		0.624	342.891	4.162
Ⅱ	<1	39.531		0.473	387.859	4.200
Ⅲ	1–2	58.257	1 108.476	1.540	129.470	2.066
Ⅳ	2–3	1.459		2.950	0.152	6.069E–05
Ⅴ	2–3	3.762		2.650	7.440	0.008
合计		147.310				10.437

②排水沟排泄量

中干沟、反帝沟和胜利沟在均衡区的北部、中部和南部自西向东经过，排水沟除排泄灌溉回水、污水外，还排泄部分地下水。排水沟排泄量引用《2014年水资源公报数据》，基流量占总排泄量百分比引用《青铜峡灌区历年引排量统计》，此基流量即为排水沟排泄地下水量，计算结果见表3–19。

表 3–19　排水沟排泄地下水量

排水沟名称	排水沟排水量（$10^8 m^3/a$）	基流量占总排水量百分比（%）	排泄地下水量（$10^8 m^3/a$）	在均衡区长度（m）	总长度（km）	排水量（$10^4 m^3/d$）
中干沟	0.24	22.27	0.05	5.838	22.781	0.35105
反帝沟	0.4	12.5	0.05	11.443	18.845	0.831804
胜利沟	0.26	17.27	0.04	7.81	7.81	1.09589
合计	0.9		0.14	25.091	49.436	2.279

③侧向径流排泄量

均衡区地下水自东北部流出，采用达西断面法计算地下水径流排泄量，其公式为：

$Q_{侧排}=K\cdot m\cdot L\cdot I$

式中：

$Q_{侧排}$——地下水的侧向径流排泄量（m^3/d）；

其他符号意义同前，计算断面见图3-2，计算结果见表3-20。

表 3-20 地下水侧向径流排泄量计算表

含水岩组	计算断面	K（m/d）	m（m）	L（m）	I	Q（$10^4 m^3/d$）
Ⅰ	C-D	5.842	54.1	6 882	0.000314	0.068
Ⅱ	E-F	3.537	98.25	3 902	0.000309	0.042
Ⅲ	E F	3.897	85.3	3 902	0.000309	0.040
合计						0.150

④人工开采量

据野外调查，均衡区范围内人工开采量主要为农饮站供水开采井，开采量约为3 300.542 m^3/d。

（4）天然状态下漏斗区均衡分析

通过上述天然状态下的补给量及排泄量计算，在均衡区内总补给量为13.128万 m^3/d，总排泄量为13.196万 m^3/d，均衡结果为 -0.068万 m^3/d，呈微弱的负均衡。均衡结果见表3-21。

表 3–21　漏斗区地下水均衡计算结果表

补给项	补给量（万 m^3/d）	排泄项	排泄量（万 m^3/d）
大气降水入渗补给量	0.937	蒸发量	10.437
田间灌溉渗入补给量	7.686	排水沟排泄量	2.279
干渠渗漏补给量	3.891	侧向径流排泄量	0.15
地下水侧向径流补给量	0.614	人工开采量	0.33
合计	13.128	合计	13.196
均衡差	-0.068		

3.4.3 地下水储存资源量计算

（1）潜水含水层容积储存量

计算公式：

$$W_{容}=\mu \cdot F \cdot H$$

式中：

$W_{容}$—含水层容积储存量（$10^8 m^3$）；

μ—含水层平均给水度，单一潜水区取非稳定流抽水试验计算值，多层结构区上部潜水含水层给水度取经验值；

F—计算区面积（km^2）；

H—含水层厚度（m），单一潜水区取含水层平均厚度，多层结构区取潜水含水层厚度平均值。

计算结果见表3–22。

表 3-22 漏斗区潜水容积储存量计算结果表

含水岩组	面积（km^2）	给水度	含水层厚度（m）	储存量（10^8m^3）
单一潜水	116.238	0.35	89.58	36.444
多层结构上部潜水	31.072	0.20	61.120	3.798
合计	147.31			40.242

经计算，漏斗区潜水容积储存量$40.242\times10^8m^3$，其中单一潜水区容积储存量$36.444\times10^8m^3$，多层结构上部潜水含水层容积储存量$3.798\times10^8m^3$。

（2）承压含水层弹性储存量

计算公式：

$W_{弹}=S^*\cdot F\cdot H$

式中：

$W_{容}$—承压含水层弹性储存量（10^8m^3）；

F—计算区面积（km^2）；

H—压力水头高度（m），取多层结构区压力水头平均值；

S*—释水系数。

计算结果见表3-23。

表 3-23　漏斗区承压含水层弹性储存量计算结果表

含水岩组	F（km^2）	S*	H（m）	W弹（$10^8 m^3$）
Ⅱ	27.03	0.88×10^{-3}	54.138	0.0148
Ⅲ	38.75	4.925×10^{-4}	155.147	0.2374
合计				0.2522

经计算，漏斗区第Ⅱ含水岩组弹性储存量为$0.0148\times10^8 m^3$，第Ⅲ含水岩组弹性储存量为$0.2374\times10^8 m^3$。

3.5 开采资源评价——数值法

为考虑水源地开采条件下对南部已有水源地的影响，模型西部和南部以银川平原边界为界，东部以黄河为界，模拟区范围见图3-5。模拟区面积604.82 km^2，在充分分析水文地质条件的基础上，建立水文地质概念模型，并运用地下水模拟软件 GMS 建立区域地下水稳定流数值模型，通过不断调整水文地质参数，对观测孔进行拟合验证。在稳定流的基础上，建立地下水非稳定流数值模型，用于评价区域地下水资源，预测水源地规划开采条件下地下水位变化趋势。

3.5.1　水文地质概念模型

水文地质概念模型是根据建模的目的，简化实际水文地质条件并汇总相关数据，以便能够分析地下水系统，并为建立地下水流数值模拟模型提供依据。水文地质概念模型主要包括边界条件概化、含水层结构概化、参数分布、地下水流概化以及源汇项概化。

（1）边界条件概化

水源地预测漏斗区主要位于冲湖积平原，地势平坦。为了尽量减少边界对模型精度的影响，同时为考虑水源地开采对南部已有水源地的影响，建模区范围确定为以解析法计算的水源地抽水所造成的影响范围为主，南部和西部扩展至银川平原边界，模拟区东邻黄河，因此以黄河作为模型的东部边界，概化为河流边界；西部概化为通用水头边界（GHB，混合边界），北部结合区域地下水流场，基本为流线边界，但随着水源地的开采可能会发生少许变化，因此概化为流量边界（图3–5）。

模拟区上边界为地表，含水层接受田间入渗、渠系渗漏及大气降水的入渗补给，模型底部以设计最大孔深260 m 深度为界，且认为概化深度内含水层与下伏地层之间无水量交换，概化为隔水边界。

（2）含水层结构概化

模拟区内地下水类型为多层结构的松散岩类孔隙水，通过分析水文地质条件和钻孔资料，得知研究区南部为单一潜水含水层，西北部和东北部为多层结构区，自上而下可划分为三个含水岩组（潜水含水岩组、第一承压含水岩组和第二承压含水岩组）。为准确刻画地层结构及含水层之间水力联系，对于南部的单一潜水区也划分为多层结构，且为刻画单一潜水区含水层水力性质，将单一潜水区不同深度的含水层水文地质参数设为相同。通过已有的钻孔资料确定主要含水层的顶底板标高。

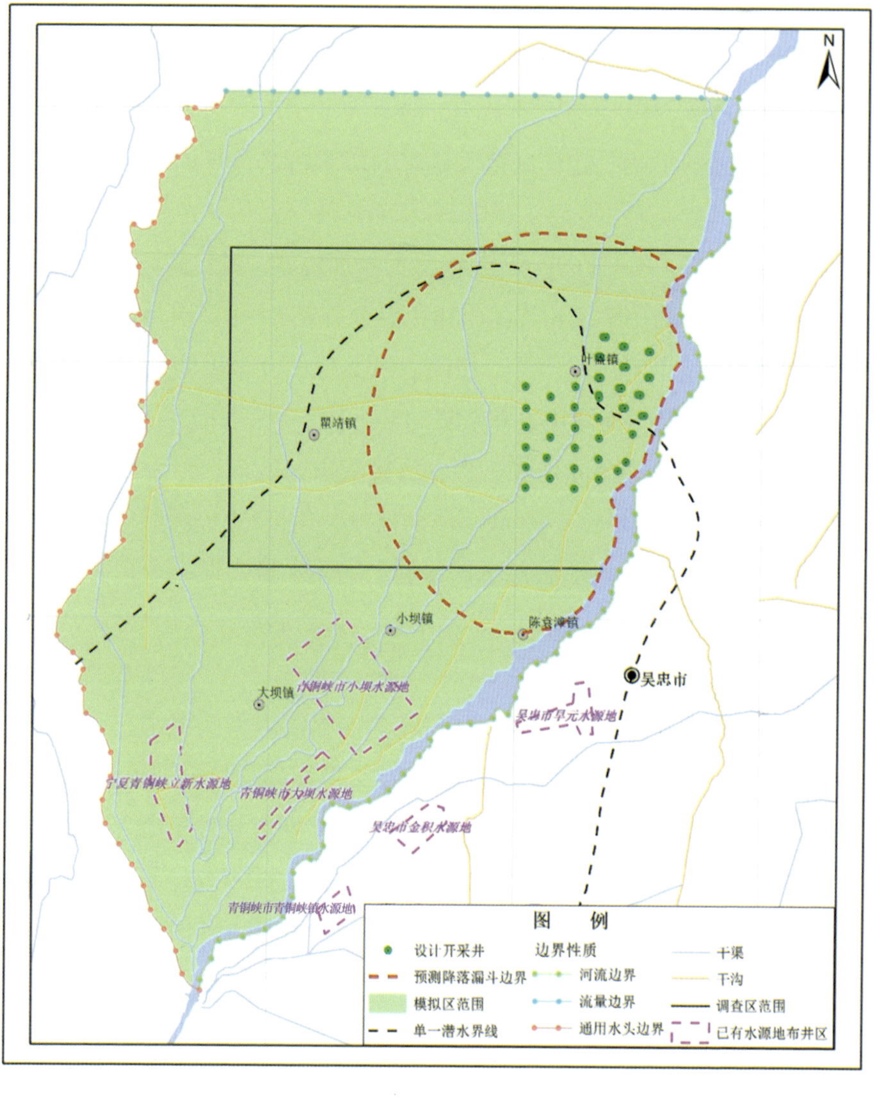

图3-5　模拟区范围和边界条件概化图

（3）水文地质参数处理

模拟区含水层主要由黄河冲积物和山前洪积物组成，水文地质条件较为均匀，渗透系数空间变化较小。将渗透系数、给水度和储水系数等含水层参数分区值以面状形式导入模型中。根据模拟区第四系沉积规律、含水层岩性水文地质参数经验值、并结合抽水试验成果，划分水文地质参数分区及数值分布情况，通过拟合地下水水位、长观孔的动态曲线，识别含水层参数。参数分区见图3-6。

（4）初始条件处理

对于稳定流模型，初始水位以野外水位统测数据为依据，采用内插法和外推法获得各含水岩组的初始流场。

对于非稳定流模型，将稳定流模型拟合水位后得到的流场作为非稳定流模型的初始流场。

（5）源汇项处理

模拟区地下水的主要补给来源为灌溉水回渗、渠系渗漏、大气降水入渗补给，以及地下水侧向径流补给，主要排泄途径为排水沟排泄，蒸发排泄、人工开采及少量地下水侧向径流流出。

大气降水及灌溉入渗属面状入渗补给，在GMS中用Recharge模块处理，入渗量由计算得到（对于非稳定流模型，根据灌溉月份对不同时期的入渗量进行分配，经过数据整理后分别按区在相应网格上赋值）。其中灌溉入渗量在模型中分布到遥感获得的耕地上，并根据实际情况，在黄灌区设置排水沟（Drain模块），在灌期排泄多余水量。排水沟程序包假定当含水层的水头高于排水沟的底板时，会自动向排水沟排泄，排泄量由模型计算得到；如果

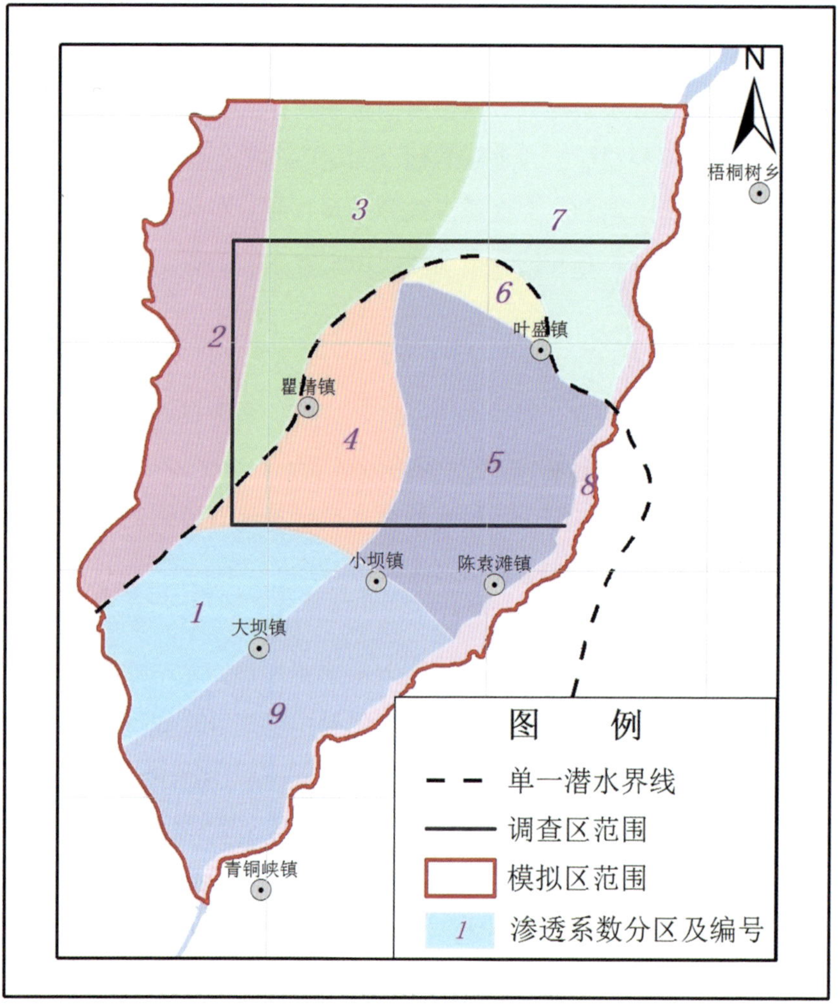

图3-6　水文地质参数分区图

含水层的水头降至排水沟的底板以下，排水沟就不起作用，即地下水不再向排水沟排泄。

由于不同时期水位埋深不同，模拟区内水位埋深普遍较浅，在模型中采用蒸发包（ET 模块）按阿维里扬诺夫公式计算，取地下水蒸发极限埋深5 m，蒸发量由模型根据水位埋深自动计算。

模型的通用水头边界及东部的河流边界所产生补排量由模型计算得到。

3.5.2 地下水系统数学模型

（1）数学模型

根据前人工作成果和勘探工作，研究区可概化为非均质各向异性、空间三维结构、非稳定地下水流系统，其地下水流连续性方程及其定解条件如下：

$$S\frac{\partial h}{\partial t}=\frac{\partial}{\partial x}\left(K_x\frac{\partial h}{\partial x}\right)+\frac{\partial}{\partial y}\left(K_y\frac{\partial h}{\partial y}\right)+\frac{\partial}{\partial z}\left(K_z\frac{\partial h}{\partial z}\right)+\varepsilon \qquad x,\ y,\ z\in\Omega,\ t\geqslant 0$$

$$h(x,\ y,\ z)\Big|_{t=0}=h_0(x,\ y,\ z) \qquad x,\ y,\ z\in\Omega$$

$$\mu\frac{\partial h}{\partial t}=K_x\left(\frac{\partial h}{\partial x}\right)^2+K_y\left(\frac{\partial h}{\partial y}\right)^2+K_z\left(\frac{\partial h}{\partial z}\right)^2-\frac{\partial h}{\partial z}\left(K_z+p\right)+p \qquad x,\ y,\ z\in\Gamma_0,\ t\geqslant 0$$

$$h(x,\ y,\ t)\Big|_{\Gamma_1}=h_1(x,\ y,\ t) \qquad x,\ y\in\Gamma_1,\ t\geqslant 0$$

$$K_n\frac{\partial h}{\partial n}\Big|_{\Gamma_2}=q(x,\ y,\ z,\ t) \qquad x,\ y,\ z\in\Gamma_2,\ t\geqslant 0$$

$$\frac{\partial h}{\partial n}+\lambda(x,\ y,\ z,\ t)\,h\Big|_{\Gamma_3}=f(x,\ y,\ z,\ t) \qquad x,\ y,\ z\in\Gamma_3,\ t\geqslant 0$$

式中：Ω—渗流区域；h—地下水系统的水位标高（m）；K_x、K_y—含水介质的水平渗透系数（m/d）；K_z—含水介质垂向渗透系数（m/d）；ε—含水层的源汇项（1/d）；h_0—系统的初始水位分布（m）；S—自由面以下含水层储水率（1/m）；Γ_0—渗流区域的上边界，即地下水的自由表面；μ—潜水含水层在潜水面上的重力给水度；p—潜水面的蒸发和降水入渗强度等（m/d）；Γ_1—已知水位边界；h_1—已知边界水位值（m）；Γ_2—渗流区域的流量边界；Kn—边界面法线方向的渗透系数（m/d），n—边界面的法线方向；q—Γ_2边界的单位面积上的流量（m/d），流入为正，流出为负，隔水边界为0；Γ_3—三类边界；λ、f—已知水头函数。

值得注意的是，上式第三项为潜水面方程，是非线性方程。在数值计算中通常不直接求解该方程，而是将潜水面变化引起的重力释水或储水近似处理为垂向补排量。对于稳定流模型，第一项和第三项左侧数据为0。

（2）模拟软件选择

模拟采用有限差分方法，模拟软件选用GMS。GMS是由Brigham Young 大学环境模拟研究实验室（Environmental modeling Research Laboratory）开发的基于概念模型的地下水环境模拟软件。GMS全面包容了模拟地下水各阶段所需的工具，如边界概化、建模、后处理、调参、可视化。

3.5.3 模型离散

（1）模型空间离散

考虑到模拟精度，剖分网格大小确定为100 m × 100 m，活动单元格60622个，剖分结构示意图如图3-7所示。

（2）模型时间离散

根据资料及地下水动态观测情况，非稳定流数值模拟模型的模拟期为2016年12月—2017年9月，将整个模拟期划分为10个应力期，每个应力期分为3个时间步长。以稳定流计算流场作为非稳定流模型的初始流场。

3.5.4　模型识别与校验

模型的识别与验证是地下水数值模拟中重要的环节，任何一个用于预测的地下水流模型，都必须证明其对地下水系统的模拟是正确的，是具有一定精度的。模型的识别和校正直接影响着地下水资源评价、水位预测和科学管理的可靠性与精度。模型的识别与检验过程采用的方法为试估—校正法，它属于反求参数的间接方法之一。

图3–7　含水层网格剖分图

通过建立稳定流和非稳定流模型，拟合同时期地下水位和长观孔历时曲线，识别水文地质参数、边界值和其他均衡项，使建立模型能够真实反映研究区水文地质条件，以便更精确地定量研究模拟区补给和排泄，预测开采条件下地下水流场的演化趋势。

模型的识别和验证主要遵循以下原则：①模拟的地下水流场要与实际地下水流场基本一致，即要求地下水模拟等值线与实测地下水位等值线形状相似；②模拟地下水的动态过程要与实测的动态过程基本相似，即要求模拟与实际地下水位过程线形状相似；③从均衡的角度出发，模拟的地下水均衡变化与实际要基本相符；④识别的水文地质参数要符合实际水文地质条件。

在以上四个原则的基础上，通过反复调整参数和均衡量，识别水文地质条件，确定模型结构、参数和均衡要素。稳定流模型得到含水层的流场及观测孔水位拟合见图3–8、3–9。通过观测孔水位拟合结果（绿色代表观测值和计算值误差 <2 m，黄色代表观测值和计算值误差为2~3 m，红色代表观测值和计算值误差 >3 m）可以看出，拟合效果比较理想，较为真实地刻画出了渠系、排水沟与地下水之间的水力联系，更加接近实际情况。含水层的模拟流场与实测流场的总体趋势是一致的，更真实地表现了地下水流动系统的特征。

经过模型的识别与验证过程，得到各含水岩组水文地质参数取值见表3–24（参数分区见图3–6）。

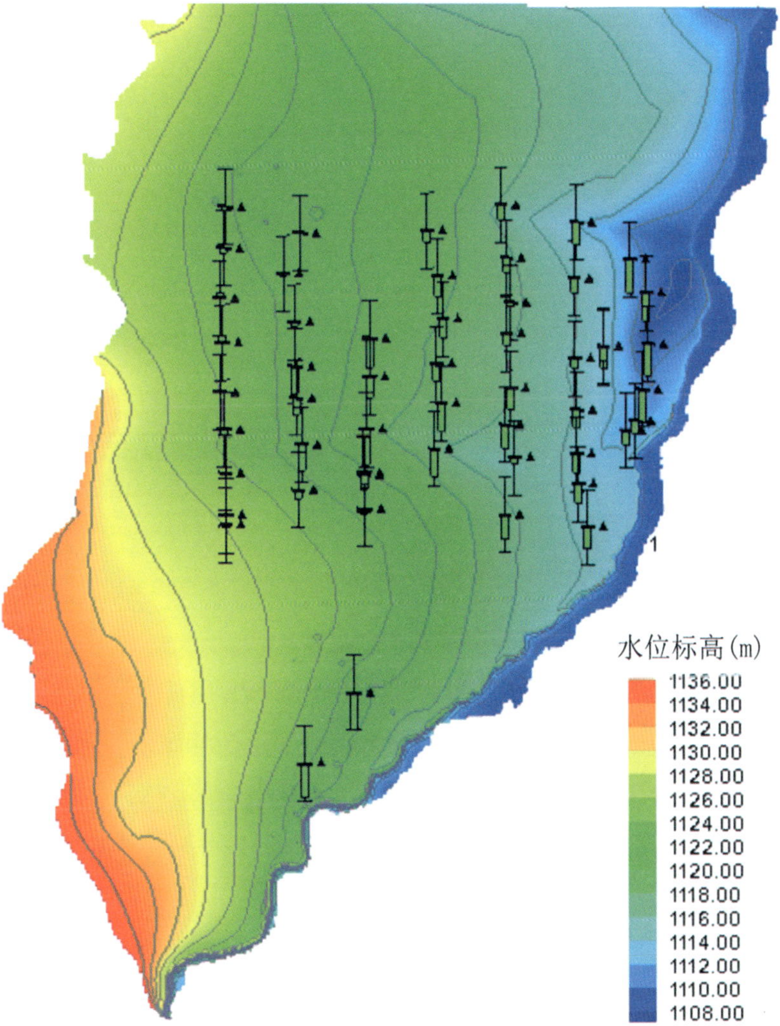

图3-8　稳定流模型含水层等水位线及水位拟合图

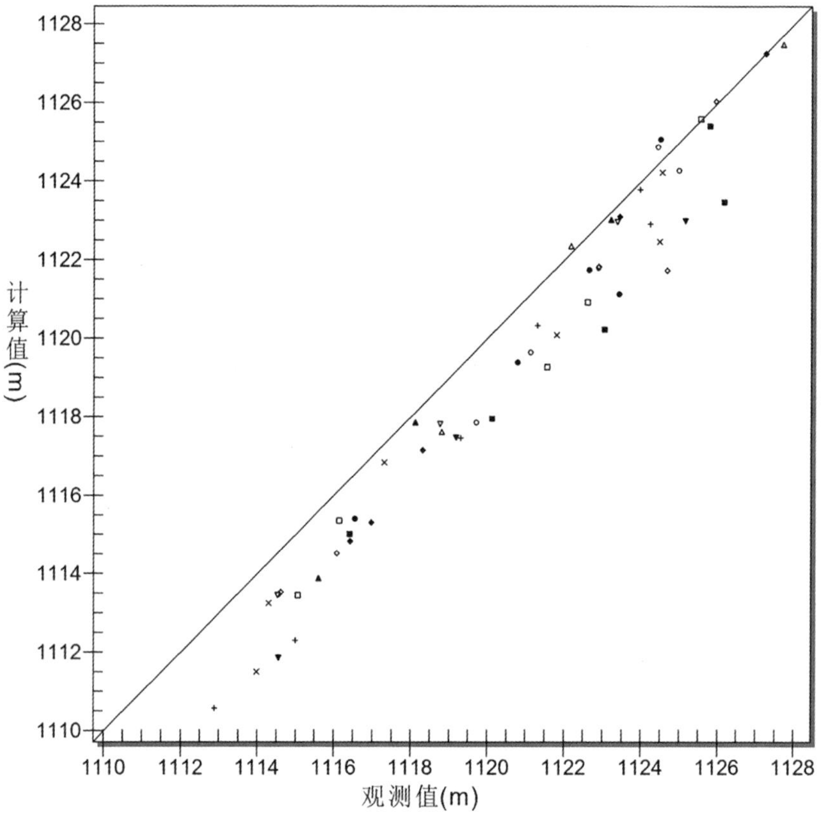

图3-9　稳定流模型观测孔水位观测值与计算值关系图

表 3-24　含水层参数识别一览表

区号	第一含水层			第二含水层			第三含水层		
	Kx=Ky	Kz	μ	Kx=Ky	Kz	S*	Kx=Ky	Kz	S*
1	25	1.8	0.35	25	1.8	0.35	25	1.8	0.35
2	16	1.2	0.34	5.7	0.45	0.00088	4.5	0.19	0.00005
3	12	1	0.26	6.4	0.98	0.00079	3.2	0.21	0.00006
4	8	0.6	0.24	8	0.6	0.24	8	0.6	0.24
5	6.8	0.52	0.35	6.8	0.52	0.35	6.8	0.52	0.35
6	5.1	0.39	0.25	5.1	0.39	0.25	5.1	0.39	0.25
7	4.6	0.35	0.24	3.5	0.22	0.00084	3.1	0.26	0.00009
8	3.2	0.18	0.18	2.6	0.14	0.00075	2.1	0.16	0.00008
9	30	3	0.36	30	3	0.36	30	3	0.36

根据建立的稳定流模型所得到的水位及参数拟合结果，建立非稳定流数值模型，并根据长观孔水位观测序列值对非稳定流模型进行拟合，长观孔水位过程线拟合情况见图3-10。

从观测孔水位和长观孔水位过程线拟合情况，以及识别的含水层水文地质参数来看，所建立的模型基本达到精度要求（观测孔水位拟合误差均小于2 m，拟合参数值与地层经验值范围相符），符合研究区实际的水文地质条件，也基本上能较好地反映地下水系统的动态特征，故可利用此模型进行地下水资源评价和地下水流场演化的趋势性预测。

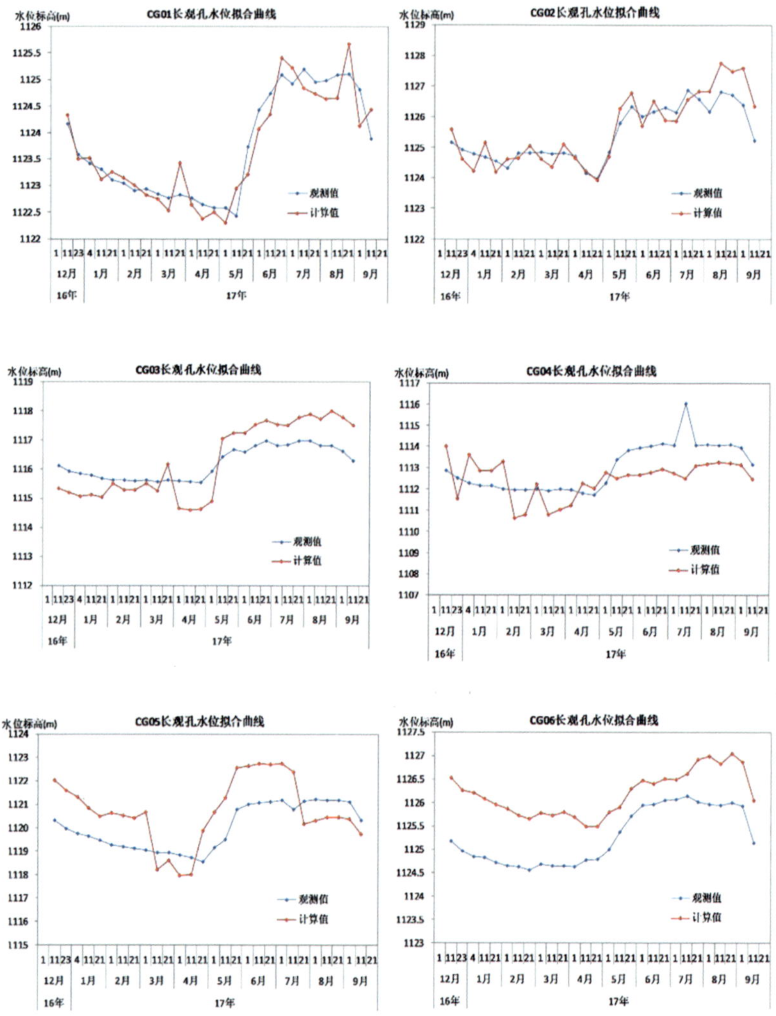

图3-10　长观孔水位拟合过程线

3.5.5　模拟范围内预测漏斗区均衡分析

根据区域数值模型计算出水源地布井区预测漏斗（均衡法）范围内地下水均衡情况（表3-25）。由该表均衡分析可知，预测漏斗区模拟期内地下水总补给量为$12.473\times10^4\ m^3/d$，总排泄量为$12.568\times10^4\ m^3/d$，均衡差为$-0.095\times10^4\ m^3/d$，为负均衡。

表 3-25　预测漏斗区模拟期地下水均衡表

补给项	补给量（万 m^3/d）	排泄项	排泄量（万 m^3/d）
降水入渗补给量	1.215	蒸发量	7.764
田间灌溉渗入补给量	7.468	排水沟排泄量	3.932
干渠渗漏补给量	2.848	侧向径流排泄量	0.542
地下水侧向径流补给量	0.942	人工开采量	0.33
合计	12.473	合计	12.568
均衡差	-0.095		

含水层补给项中，田间灌溉入渗量和渠系渗漏补给量是模拟区地下水的主要补给来源，分别占总补给量的59.87%和22.83%；降雨入渗补给量占总补给量的9.74%。排泄项中，蒸发排泄是潜水含水层的主要排泄途径，占总排泄量的61.77%；其次是排水沟排泄，占排泄量的31.28%。其中南部单一潜水区地下水总补给量为9.809万m^3/d，北部多层结构区地下水总补给量为3.029万m^3/d（表3-26）。

表 3-26　预测漏斗区模拟期不同单元地下水均衡表

补给项	补给量（万 m^3/d）		排泄项	排泄量（万 m^3/d）	
	南部单一潜水区	北部多层结构区		南部单一潜水区	北部多层结构区
降水入渗补给量	0.948	0.267	蒸发量	5.668	2.096
田间灌溉渗入补给量	5.676	1.792	排水沟排泄量	3.421	0.511
干渠渗漏补给量	2.421	0.427	侧向径流排泄量	0.462	0.445
地下水侧向径流补给量	0.765	0.542	人工开采量	0.330	
合计	9.809	合计	3.029	9.881	3.052

3.5.6　地下水开采资源评价与预测

（1）开采预测模型条件

在现状开采模拟条件的基础上，根据拟选水源地规划方案布置开采井，进行满负荷开采20年，模型计算的时间单位为天，时间步长取1个月，每月的天数为实际天数，预测期内共计7 300 d，240个计算时段。

开采预测模型所需数据和资料：①为了体现降雨年际变化特点，降雨入渗采用1991—2011年的降雨量来计算降雨入渗补给量，将其代入模型中；②开采量在维持现状开采条件的同时，加入拟建水源地的设计开采量；③田间灌溉回渗量以面状补给的形式导入模型，排水沟排泄地下水量利用 Drain 模块导入模型；④蒸发量利用1991—2011年的蒸发数据，由模型自动计算。

（2）预测模型水位变化分析

规划开采条件下，采用模型调试后的水文地质参数，将各源汇项数据代入已建立的地下水流模型中，运行20年预测模型，得出第二含水层和第三含水层20年后地下水等水位线图（图3–11、图3–12）。从图中可以看出，地下水水流与初始水位相比发生较大变化。水源地开采井附近受集中开采的影响出现明显的降落漏斗。水源地集中开采20年后，水位下降，单一潜水区开采中心最大水位埋深为18.65 m，多层结构区第二含水岩组最大水位埋深为24.65 m，第二含水岩组最大水位埋深为25.44 m，与前文干扰叠加法和开采强度法所计算的预测末期最大水位埋深基本一致，未超过允许水位埋深（单一潜水区允许埋深30 m，多层结构区允许埋深50.3 m），满足拟选水源地的开采要求。

（3）预测期均衡分析

设计开采井布置在单一潜水区和多层结构区承压含水层，造成含水层的补给和排泄发生明显变化。通过预测模型运算，最终得出模拟区设计开采条件下多年平均地下水补排量（表3–27），可以看出，在规划开采条件下，地下水的补径排条件发生明显变化（表3–28），含水层蒸发量和向排水沟的排泄量明显减少，同时由于集中开采，激发了西部边界侧向流入，袭夺了东部边界侧向流出的同时激发了东部河流的侧向补给，此外，垂向上也增大了田间灌溉回渗水和大气降水的入渗补给量。

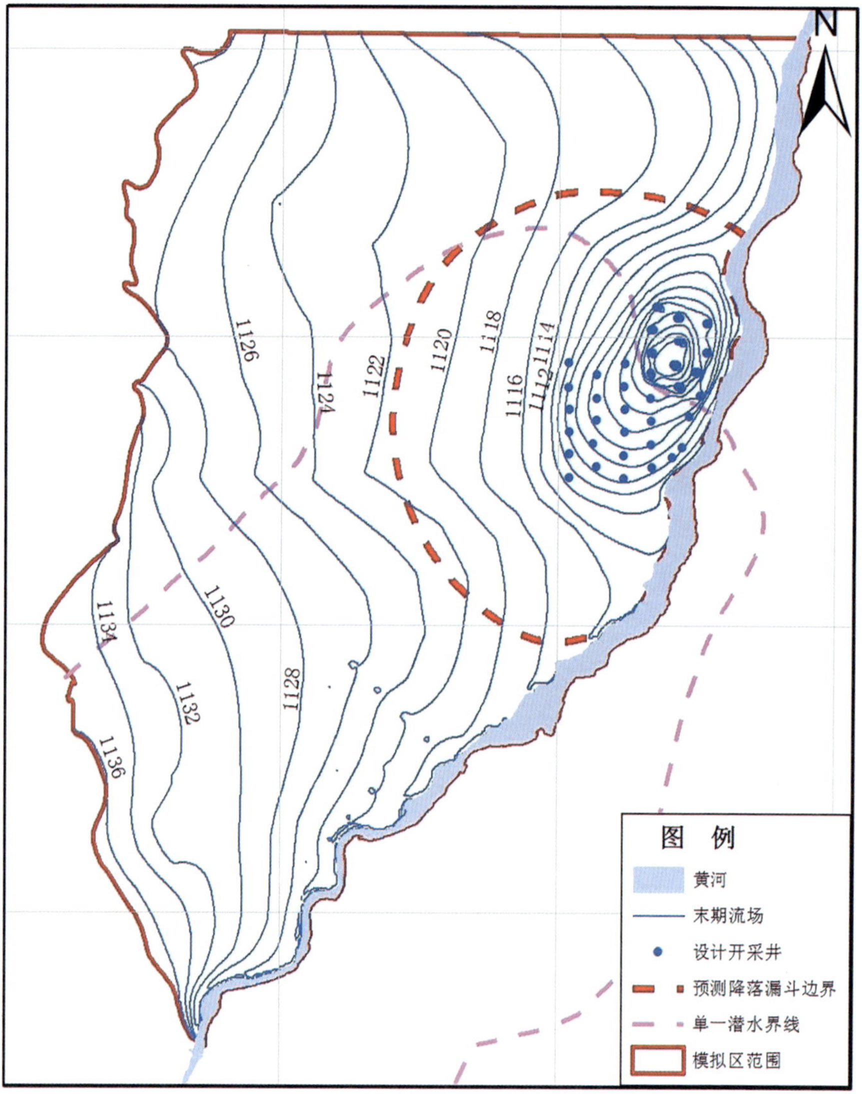

图3-11 开采末期第二含水层等水位线图

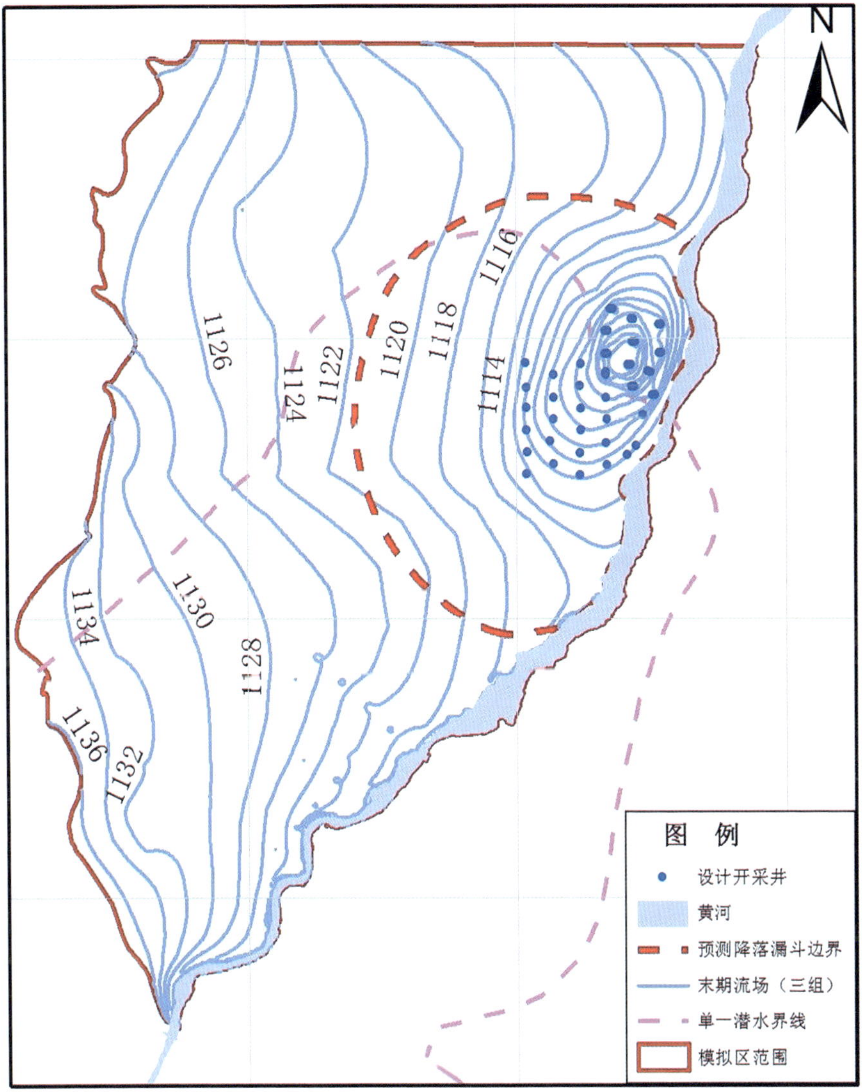

图3-12　开采末期第三含水层等水位线图

表 3–27　预测模型漏斗区含水层平均补排量对比表

补给项	补给量（万 m^3/d）	排泄项	排泄量（万 m^3/d）
降水入渗补给量	1.432	蒸发量	4.351
田间灌溉渗入补给量	8.958	排水沟排泄量	1.226
干渠渗漏补给量	2.951	侧向径流排泄量	
地下水侧向径流补给量	1.544	人工开采量	12.33
黄河渗漏补给量	2.464		
合计	17.349	合计	17.907
均衡差	–0.558		

表 3–28　开采条件下各补给项和排泄项变化情况

补给项	增量（万 m^3/d）	排泄项	减量（万 m^3/d）
降水入渗补给量	0.217	蒸发量	3.413
田间灌溉渗入补给量	1.49	排水沟排泄量	2.706
干渠渗漏补给量	0.103	侧向径流排泄量	0.542
地下水侧向径流补给量	0.602	人工开采量	
黄河渗漏补给量	2.464		
合计	4.876	合计	6.661
合计		11.537	

3.6 地下水水质评价

地下水水质评价采用地下水质量评价和一般锅炉用水评价，地下水质量评价标准采用《生活饮用水卫生标准》（GB 5749—2006）进行单因子评价，锅炉用水根据“一般锅炉用水水质评价指标”进行评价。在Y22、Y41、Y42非稳定流抽水试验主孔分别取106项检测指标样品各一件，在48眼勘探孔中取全分析、有毒元

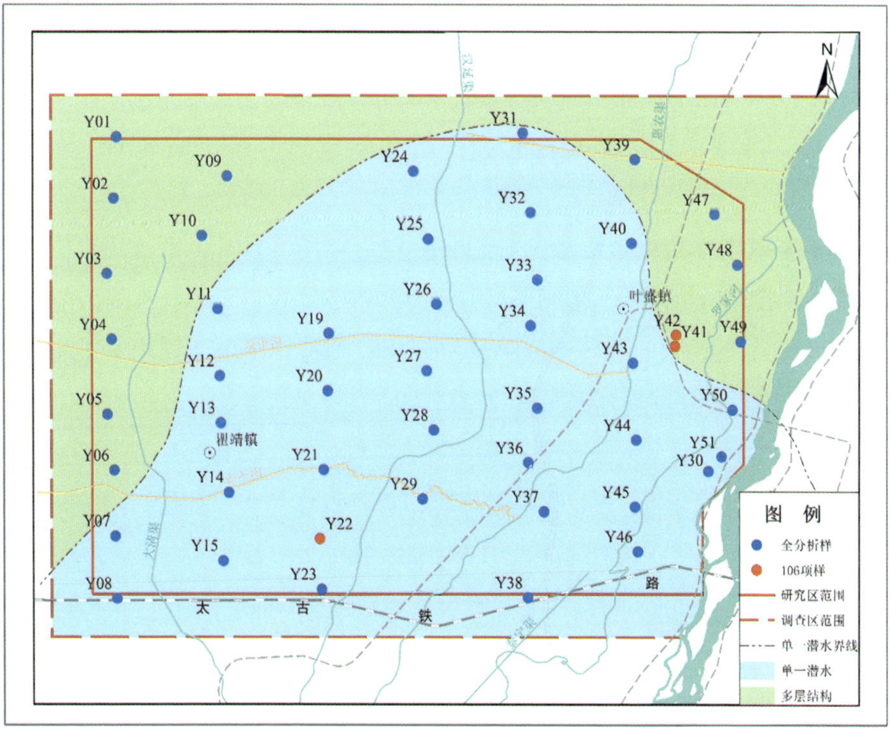

图3-13 水样采集点分布图

素、五项毒物分析样品51组，其中单一潜水区样品34组，多层结构区Ⅱ组样品13组，多层结构区Ⅲ组样品4组。孔位分布见图3-13。

3.6.1 生活饮用水水质评价

采用单因子评价法，参照《生活饮用水卫生标准》（GB5749—2006）对研究区地下水进行生活饮用水质量评价。

总体上，除研究区西北角溶解性总固体含量大于1 g/L外，其余地段均小于1g/L。地下水中除总硬度、铁锰离子普遍超标外，其余超标离子均以散点形式出现，水质基本满足《生活饮用水卫生标准》（GB5749—2006）。

（1）106项指标样水质评价

依据《生活饮用水卫生标准》（GB5749—2006）规定的微生物指标、毒理指标、感官性状和一般化学指标的限值，对Y22、Y41、Y42孔水样作单因子质量评价。

①微生物指标：常规指标和非常规指标均符合《生活饮用水卫生标准》（GB5749—2006）。

②毒理指标：常规指标和非常规指标均符合《生活饮用水卫生标准》（GB5749—2006）。

③感官性状和一般化学指标：常规指标中除Y22孔浑浊度、锰离子和总硬度超标，Y42孔铁超标外，其余指标和非常规指标均符合《生活饮用水卫生标准》（GB5749—2006）。

（2）全分析、有毒元素、五项毒物样水质评价

通过50组全分析、有毒元素、五项毒物水质分析样品与《生活饮用水卫生标准》（GB5739—2006）对比分析，可得出以下结论：

①单一潜水区水质较好，溶解性总固体均未超标。除总硬度、

铁锰离子普遍超标外，其他超标离子均以点状分布。如 Y20孔硝酸盐为31 mg/L，超过限值20 mg/L 约1.55倍；Y30孔“氨氮”为0.83 mg/L，超过限值0.5 mg/l 约1.66倍。地下水中“氨氮”、硝酸盐超标是地下水受到污染的标志之一，推测与该地农业种植使用化肥有关。

②多层结构区Ⅱ组超过限值的元素主要有色度、总硬度、溶解性总固体（TDS）、硫酸盐（SO_4^{2-}）、氯离子（Cl^-）、钠离子（Na^+）、铁、锰离子。

③多层结构区Ⅲ组 Y42孔、Y49孔锰离子超标，分别为0.154 mg/L 和0.137 mg/L，超过限值0.1 mg/L。Y49孔氨氮为0.67 mg/L，超过限值0.5 mg/L。由于 Y49孔Ⅱ组水样检测结果显示氨氮并未超标，而Ⅲ组水氨氮超标，推测样品在取样、运输、化验的过程中可能出现了偏差。

3.6.2　开采条件下水质变化趋势预测及保证程度

为了有个量变化的概念，对水质模型作出最简便的概化，在不考虑含水层阻滞、吸附、溶解条件下，采用各类补给量水质混合的简单方法，预测水质变化趋势。

计算公式如下所示：

$$M=\frac{\sum_{i=1}^{n}(Q_i \cdot m_I)}{\sum_{i=1}^{n}Q_i}$$

式中：

m — 混合后溶解性总固体含量（mg/L）；

Q_i — 各项补给量（m^3/d）；

m_I — 溶解性总固体含量（mg/L）。

根据上式预测各项补给量水质混合的溶质浓度。水质预测分区计算见图3-14、图3-15及图3-16，预测结果见表3-29、表3-30、表3-31、表3-32、表3-33、表3-34、表3-35、表3-36、表3-37、表3-38、表3-39、表3-40。

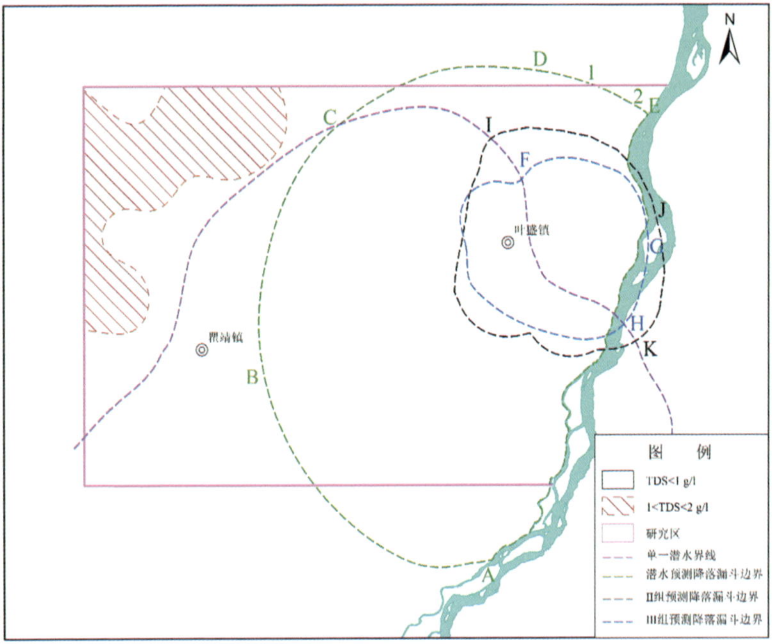

图3-14　溶解性总固体预测分区计算图

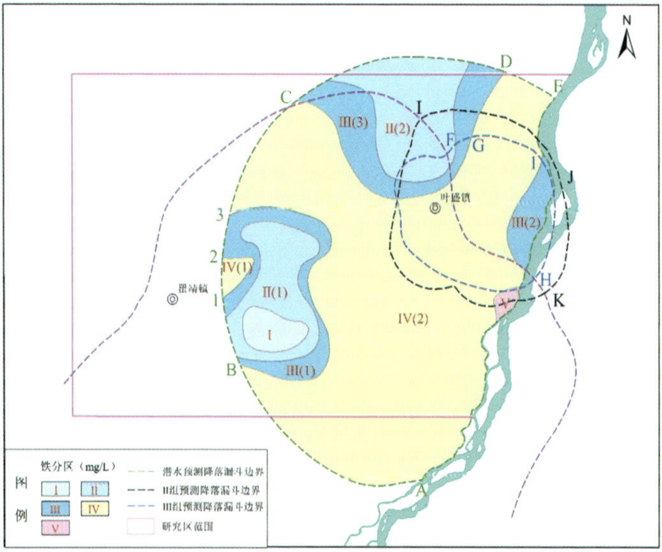

图3-15 铁离子预测分区计算图

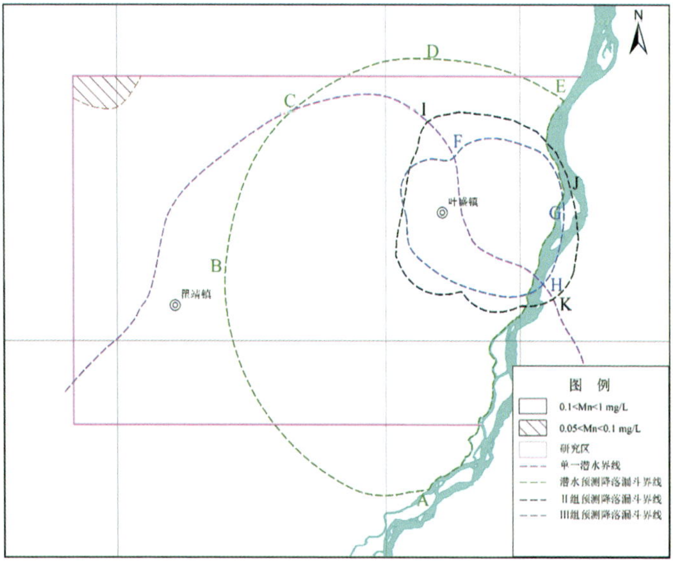

图3-16 垂向补给量锰离子预测分区计算图

表 3-29　垂向补给量溶解性总固体预测表

漏斗分区	总面积（km^2）	总补给水量（$\times 10^4 m^3/d$）	单位面积补给量（$\times 10^4 m^3/d$）	分区面积（km^2）	溶解性总固体（g/L）	预测溶解性总固体（g/L）
Ⅰ	147.31	10.08	0.0684	147.31	0.581	0.581

表 3-30　侧向补给量溶解性总固体预测表

含水岩组		补给断面	补给量（$\times 10^4 m^3/d$）	补给断面溶解性总固体均值（g/L）	预测溶解性总固体值（g/L）
单一潜水区		$\overset{\frown}{ABC}$	2.261	0.764	0.719
多层结构区	Ⅰ	$\overset{\frown}{CD}$	0.182	0.700	
		$\overset{\frown}{D1}$	0.037	1.174	
		$\overset{\frown}{12}$	0.045	0.703	
		$\overset{\frown}{2E}$	0.012	1.093	
	Ⅱ	$\overset{\frown}{FGH}$	0.246	0.544	
	Ⅲ	$\overset{\frown}{IJK}$	0.299	0.466	

表 3-31　黄河激发补给量溶解性总固体预测表

补给断面	补给量（$\times 10^4 m^3/d$）	补给断面溶解性总固体均值（g/L）	预测溶解性总固体值（g/L）
AH	0.899	0.662	0.662

表 3-32　水源地溶解性总固体预测统计表

补给项	水量（$\times 10^4 m^3/d$）	补给项溶解性总固体（g/L）	预测溶解性总固体（g/L）
垂向补给量	10.08	0.581	0.616
侧向补给量	3.082	0.719	
黄河激发补给量	0.899	0.662	

表 3-33　垂向补给量铁预测表

漏斗分区	总面积（km^2）	总补给水量（$\times 10^4 m^3/d$）	单位面积补给量（$\times 10^4 m^3/d$）	分区面积（km^2）	铁（mg/L）	预测铁（mg/L）
Ⅰ	147.31	10.08	0.0684	3.623	0.1	0.407
Ⅱ				23.897	0.13	
Ⅲ				22.356	0.25	
Ⅳ				96.693	0.503	
Ⅴ				0.741	3.19	

表 3-34　侧向补给量铁预测表

含水岩组	补给断面	补给量（$\times 10^4 m^3/d$）	补给断面铁均值（mg/L）	预测铁（mg/L）
单一潜水区	$\overset{\frown}{AB}$	1.010	0.482	0.359
	$\overset{\frown}{B1}$	0.115	0.115	
	$\overset{\frown}{12}$	0.36	0.36	
	$\overset{\frown}{23}$	0.2	0.2	
	$\overset{\frown}{3C}$	0.482	0.482	

续表

含水岩组		补给断面	补给量（$\times 10^4 m^3/d$）	补给断面铁均值（mg/L）	预测铁（mg/L）
多层结构区	Ⅰ	$\overset{\frown}{CD}$	0.222	0.17	0.359
		$\overset{\frown}{DE}$	0.054	0.56	
	Ⅱ	$\overset{\frown}{FG}$	0.033	0.14	
		$\overset{\frown}{G1}$	0.082	0.505	
		$\overset{\frown}{1H}$	0.131	0.25	
	Ⅲ	$\overset{\frown}{IJK}$	0.299	0.235	

表 3-35　黄河激发补给量铁预测表

补给断面	补给量（$\times 10^4 m^3/d$）	补给断面铁均值（mg/L）	预测铁（mg/L）
AH	0.899	0.02	0.02

表 3-36　水源地铁预测表

补给项	水量（$\times 10^4 m^3/d$）	补给项铁（mg/L）	预测铁（mg/L）
垂向补给量	10.08	0.407	0.371
侧向补给量	3.082	0.359	
黄河激发补给量	0.899	0.02	

表 3-37　垂向补给量锰预测表

漏斗分区	总面积（km^2）	总补给水量（$\times 10^4 m^3/d$）	单位面积补给量（$\times 10^4 m^3/d$）	分区面积（km^2）	锰（mg/L）	预测锰（mg/L）
Ⅰ	147.31	10.08	0.0684	147.31	0.29	0.29

表 3-38 侧向补给量锰预测表

含水岩组		补给断面	补给量（$\times 10^4 m^3/d$）	补给断面锰均值（mg/L）	预测锰值（mg/L）
单一潜水区		$\overset{\frown}{AB}$	1.466	0.484	0.336
		$\overset{\frown}{BC}$	0.795	0.276	
多层结构区	Ⅰ	$\overset{\frown}{CDE}$	0.276	0.162	
	Ⅱ	$\overset{\frown}{FGH}$	0.246	0.122	
	Ⅲ	$\overset{\frown}{IJK}$	0.299	0.102	

表 3-39 黄河激发补给量锰预测表

补给断面	补给量（$\times 10^4 m^3/d$）	补给断面锰均值（mg/L）	预测锰值（mg/L）
AH	0.899	0.010	0.010

表 3-40 水源地锰预测统计表

补给项	水量（$\times 10^4 m^3/d$）	补给项锰（mg/L）	预测锰（mg/L）
垂向补给量	10.08	0.29	0.281
侧向补给量	3.082	0.335	
黄河激发补给量	0.899	0.01	

通过溶解性总固体预测统计表3-30可知，开采条件下地下水溶解性总固体经水质混合后为0.616 g/L，达到《生活饮用水卫生标准》（GB5739—2006）关于溶解性总固体不超过1.0 g/L 的要求。因此，水源地在长期开采状态下，水质不会恶化。

通过表3-36及表3-40可知，开采条件下地下水中铁、锰经过水质混合后，分别为0.371 mg/L 和0.281 mg/L，略超过《生活饮用水卫生标准》（GB5739—2006）关于铁不超过0.3 mg/L、锰不超过0.1 mg/L 的要求，因此，建议对混合后不达标的铁、锰做处理后再供居民使用。

3.7 开采资源量保证程度分析

3.7.1 水源地开采井群中心最大水位埋深预测的保证程度

根据井群布置方案，位于研究区东部，京藏高速以东，大古铁路以北地区，沿南北向布设6排开采井，其井距800 m，排距1 000 m。东部多层结构区以姊妹井形式同步开采第Ⅱ、Ⅲ含水岩组（姊妹井井距30 m 为宜）共布设开采井12组24眼，单井均设计出水量2 500 m^3/d，总设计开采资源量12万 m^3/d。同步预测开采20年末，采用干扰叠加法计算出水源地中心井单一潜水含水岩组井壁水位降深3.588 m，年变幅2.776 m，水位埋深3.757 m，井阻损失3.28 m，井群影响降深8.82 m，最终井内最大水位埋深21.894 m。采用开采强度法验证，其计算值为21.713 m。均未超过允许埋深30.0 m。

采用干扰叠加法计算出水源地多层结构区第Ⅱ含水岩组井壁水位降深6.228 m，年变幅2.732 m，水位埋深3.905 m，井阻损失1.34 m，井群影响降深4.639 m，最终井内最大水位埋深18.844 m。采用开采强度法验证，其计算值为22.396 m。

第Ⅲ含水岩组井壁水位降深5.666 m，年变幅3.109 m，水位埋深4.875 m，井阻损失5.21 m，井群影响降深2.093 m，最终井内最大水位埋深20.953 m。采用开采强度法验证，其计算值为21.434 m。

经两种方法降深预测，Ⅱ、Ⅲ含水岩组水位埋深均未超过允许埋深50.3 m，均在常用水泵扬程之内，因而认为开采方案的选择是可行的。同时与原《青铜峡小坝水源地二期扩勘》开采井群所计算预测的降落漏斗范围相距2.5 km，两水源地之间不会产生任何影响。因而认为开采方案和布井区位置选择是正确的，布井合理，单井允许开采量限制是可行的。

3.7.2 开采条件下补给量保证程度

（1）补给量法

水源地在开采条件下形成的降落漏斗内主要补给量有侧向径流补给量3.082万 m^3/d、黄河水激发补给量0.899万 m^3/d 及各种条件下垂直入渗补给量10.080万 m^3/d，总补给量可达14.061万 m^3/d，大于允许开采资源量12万 m^3/d，同时还有 40.242×10^8 m^3潜水容积储存量可作为调节后备水源，说明水源地10万 m^3/d~12万 m^3/d 允许开采量是可行的、合理的，补给来源是有保证的。

（2）数值法

通过GMS软件进行摸拟，在现状开采条件下，含水层得到的补给量是12.473万 m^3/a，排泄量是12.568万 m^3/a，呈微弱的负均衡；设计开采条件下，补给量是17.349万 m^3/a，排泄量为17.907万 m^3/a，按照现有开采方案，采用验证后的水源地数值模型，根据前文所述的水源地开采约束条件：开采状态下承压水水位埋深以不超过该含水岩组顶板为宜，通过模拟得到水源地以12万 m^3/d 作为允许开采量是完全可以满足规划开采条件下的开采要求。

3.7.3 水质保证程度

运用溶质混合法预测开采条件下溶解性总固体含量为0.616 g/L，满足 <1 g/L 的供水要求；铁、锰含量经过水质混合后，分别为0.371 mg/L 和0.281 mg/L，略超过《生活饮用水卫生标准》（GB5739—2006）（铁≤0.3 mg/L、锰≤0.1 mg/L）的要求。因此，建议对混合后不达标的铁、锰做处理后再供居民使用。

第 4 章　水源地合理开发利用和生态环境保护

4.1　水源地合理开发利用

4.1.1　水源地运行后对生态环境的影响

水源地布井区主要位于黄河冲积平原和少数银川冲湖积平原上，岩性主要为砂卵砾石、砂砾石、粗砂、细砂，透水性好，天然补给量大。即使水源地井群开采产生一定范围的降落漏斗，但鉴于区内灌溉渠系较多，毛、斗渠纵横交错，灌溉水来源充足，水位埋藏又浅，地下水补给充沛。加上大厚度粗颗粒为含水层地下水储存创造了良好条件。通过以上地下水资源计算，在开采条件下各项补给来源可达14.061万 m^3/d，大于所需开采量12万 m^3/d 的需求。即使在枯水季节，蒸发量减少、排水沟排泄量缩减，但通过地下水含水层以丰补歉的特性，仍能达到采补平衡。丰水季节有大气降水、农田灌溉水入渗等补给条件，有利于潜水交替、消碱、淡化水质等功效，对漏斗区防治土壤盐渍化、土地沙漠化起到一定的作用，因此水源地运行后不会对生态环境产生大的影响。

4.1.2 对相邻水源地的影响

拟选水源地开采井群位于研究区东部，福银高速以东，大古铁路以北和灵武市分界的黄河以西地区，沿南北向布设6排开采井，其井距800 m，排距1 000 m。东部多层结构区以姊妹井形式同步开采第Ⅱ、Ⅲ含水岩组，共布设开采井12组24眼；西部单一潜水区共布设24眼单井。拟选水源地所计算的降落漏斗面积为147.31 km^2。在水源地的南部为小坝二期扩勘水源地，东部过黄河为灵武市新扩充勘探水源地，经过本次漏斗计算和对前人资料的查询，小坝水源地的降落漏斗边界距本次计算所得的降落漏斗边界为2.5 km；东部灵武市水源地主要开采第Ⅱ含水岩组地下水，所计算的水源地降落漏斗边界只到黄河边，与勘探评价主要开采单一潜水含水岩组地下水联系不密切，即使有关联也有黄河水作为激发补给源，因此拟选水源地对小坝水源地和灵武水源地不产生影响。

4.2 水源地保护

4.2.1 水源地管理

评价拟选的水源地开采资源量为$12\times10^4\ m^3/d$，主要用于吴忠市利通区城市供水。开采目的层主要是单一潜水含水岩组和小部分多层结构区Ⅱ、Ⅲ含水岩组承压水，地下水溶解性总固体含量0.616 g/L，为了保护该水源地投产后的正常运行，对吴忠市城市建设和经济发展起着至关重要作用，怎样能合理开发利用该水源地提出如下建议：

（1）拟选的水源地投产后，应以科学的态度开发管理地下水资源，将流经漏斗区的反帝沟、中干沟（溶解性总固体分别为1.2 g/L、2.56 g/L，氟离子含量分别为1.18 mg/L、2.91 mg/L）等带有污染源的排水沟进行严格控制监测。

（2）严禁在拟选的水源地降落漏斗范围内，擅自建供水机井，掠夺地下水资源，以免施工质量不高破坏地下水水力性质并引起水质变化。

（3）水源地的建设必须依照本次专著中提出的井群设计开采方案、单井开采量2 500 m^3/d 定额及各项技术要求实施。

（4）新水源地开采资源，是基于当前地表灌溉形式不发生改变的状态下做出的评价，在水源地开采过程中，一旦地表灌溉形式发生大的变化，如地表灌溉量锐减，则应对地下水开采资源重新予以评价并及时对开采方案做出相应调整。

4.2.2　水源地保护区划分

（1）划分原则

①合理布局原则，地下水饮用水源保护区划分应根据水源地所处的地理位置、水源地水文地质条件、供水量、开采方式和污染的分布划分。

②水质和水量兼顾原则，地下水水源地应在保证水量的基础上，保护区的水质也需要满足相应标准。

③优先保护原则，水源地保护区的设置和划分应优先于在水环境功能区与水功能区划分。

④协调统一原则，社会经济发展规划和水污染防治规划中应加入饮用水水源保护区的设置，并与当地规划发展协调统一。在

确保饮用水水质的基础上，划定的水源保护区范围尽可能小。

（2）水源地保护区划分

本次根据国家环境保护行业标准《饮用水水源保护区划分技术规范》（HJ/T338—2007）中“地下水饮用水水源保护区的划分方法”进行划分，以布井区为界，溶质质点迁移100 d 的距离为半径所圈定的范围为一级保护区，降落漏斗区为二级保护区。

影响半径的经验公式：

$R=a \times K \times I \times T/n$

式中：

R——影响半径，m；

a——安全系数，一般150%，（为了安全起见，在理论计算的基础上加上一定量，以防未用水量的增加以及干旱期影响造成的扩大）；

K——含水层渗透系数，m/d；

I——水力坡度（为漏斗范围内的水力平均坡度）；

T——污染物水平迁移时间，d；

n——有效孔隙度。

根据本次计算，选取的参数 K=14.231 m/d，I=0.0028（为漏斗范围内的水力平均坡度），n=0.33（砂砾石有效孔隙度）。

通过计算溶质质点迁移100 d，影响半径 R=18.11 m，因此一级保护区面积为21.52 km^2，二级保护区为降落漏斗区即147.31 km^2（图4–1）。

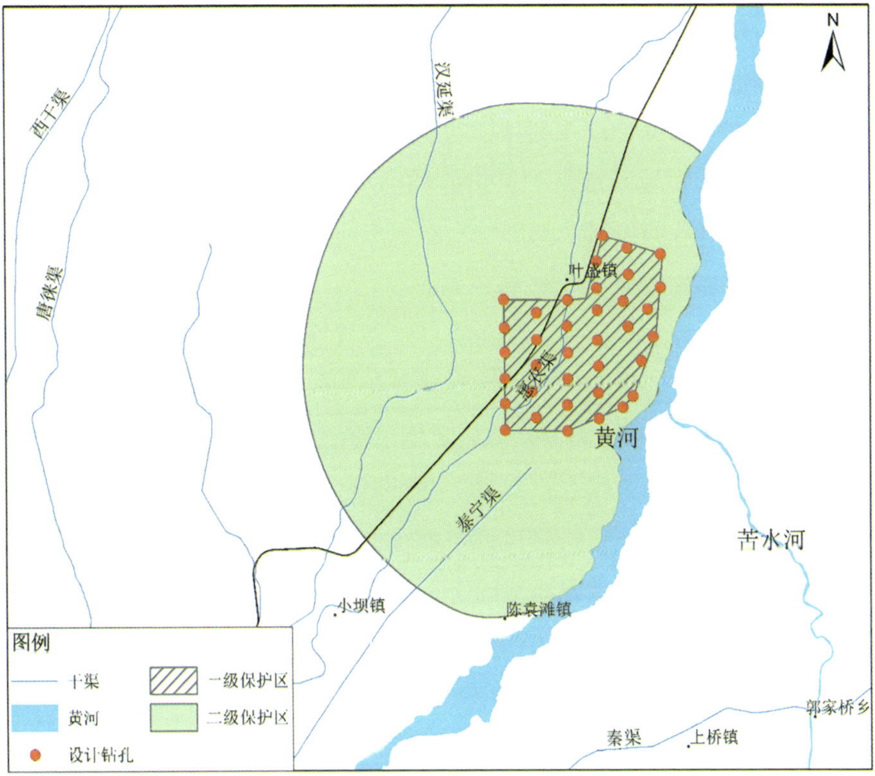
N
西干渠
唐徕渠
汉延渠
叶盛镇
黄河
泰宁渠
苦水河
小坝镇
陈袁滩镇
秦渠
上桥镇
郭家桥乡
图例
干渠
黄河
设计钻孔
一级保护区
二级保护区

图4-1　水源地保护区

4.2.3 水源地基础生态保护红线和环境功能保护区界线

（1）划分原则

①按照《饮用水水源保护区划分技术规范》（HJ/338—2007）划分方法的基础上，结合宁夏地区实际水文地质情况，进一步确定了基础生态保护红线和环境功能保护区的划分范围，基础生态保护红线和环境功能保护区边界根据水源地及周围环境，地形、地貌，取水点的位置，与影响水源地水质的重要建筑物、构筑物的关系，水域污染类型、污染特征、污染源分布、排水渠分布、水源地规模、水量需求、社会经济发展规模和环境管理水平等因素，保证划分的生态保护红线和环境功能保护区在涉及的水文条件、污染负荷及供水量时水质能满足相应的标准。

②地下水集中供水水源地生态保护红线和环境功能保护区水质各项指标不得低于GB/T14848中的Ⅲ类标准。

③确定地下水水源地基础生态保护红线和环境功能保护区划分的技术指标，应考虑以下因素：当地的地理位置、水文、气象、地质特征、水动力特征、水域污染类型、污染特征、污染源分布、排水渠分布、水源地规模、水量需求。

④划定的水源地基础生态保护红线和环境功能保护区范围应防止水源地附近人类活动对水源的直接污染；应足以使所选定的主要污染物在向取水点输移的过程中，衰减到所期望的浓度水平；在正常情况下保证取水水质达到规定要求；一旦出现污染水源的突发事件，有采取紧急补救措施的时间和缓冲地带。

⑤在确保饮用水水源地水质不受污染的前提下，划定的水源地生态保护红线和环境功能保护区范围应尽可能小。

⑥地下水集中供水水源地理论生态保护红线和环境功能保护区界线的划定要结合自治区空间发展规划及人类活动情况来综合判定，相互协调，适度调整，增强保护区范围划定的认同性和落地的实效性。

（2）界线确定

参照《宁夏回族自治区地下水集中供水水源地保护区划定方案》，生态保护红线范围以布井区外围为边界，外扩一个影响半径R（非稳定抽水试验所得417.98 m）；影响半径大于经验值时，生态保护红线范围按照经验值划定（表4-1），环境功能保护区范围为降落漏斗范围，并结合实际地物适当调整。

通过计算生态保护区面积20.63 km^2，环境功能保护区多功能保护区面积116.48 km^2。

表 4-1　孔隙水水源地保护区范围经验值

介质类型	一级保护区半径 R（m）	二级保护区半径 R（m）
细砂	30 ~ 50	300 ~ 500
中砂	50 ~ 100	500 ~ 1 000
粗砂	100 ~ 200	1 000 ~ 2 000
砾石	200 ~ 500	2 000 ~ 5 000
卵石	500 ~ 1 000	5 000 ~ 10 000

4.2.4　水源地保护建议

本次提出一级保护区范围及基础生态保护红线，为当地政府部门实地划定保护区提供理论依据。水源地保护应严格按照《饮用水水源保护区划分技术规范》（HJ/338—2007）进行。

（1）各级政府及相关部门向社会公布地下水集中供水水源地生态保护红线和环境功能保护区地理界线，并在生态保护红线和环境功能保护区设置标志牌、警示牌、界碑、界桩等。

（2）生态保护红线区内禁止新建、改建、扩建与供水无关的建设项目，已有的排污口责令限期拆除或改道，违章建筑物责令限期拆除或搬迁；禁止设置排污口，向地表水域排放污水；禁止倾倒和集中堆放工业废渣、生活垃圾、粪便及其他废弃物；禁止使用剧毒和高残留农药，从事可能污染水源的活动；禁止大量放养牲畜、家禽；禁止装载有毒有害的物质、油类、粪便而无防渗、防溢、防漏设施的车辆通过生态保护红线范围；生态保护红线区内有排污沟的，应对排污沟进行防渗衬砌或搬迁处理。

（3）环境功能保护区内禁止设置排污口，直接或间接向地表水体排放工业废水和生活污水；禁止新建、改建、扩建与供水无关的建设项目；禁止堆放、存储、填埋或者向地表水体倾倒工业废渣、生活垃圾、粪便及其他废弃物；禁止使用剧毒和高残留农药及其他有毒物质，使用炸药、毒药捕杀水生动物；禁止装载有毒有害的物质、油类、粪便而无防渗、防溢、防漏设施的车辆通过生态功能保护区；禁止对地表水体造成污染的其他行为；禁止自备井、散井进行地下水开采活动；生态功能保护区内有排污沟的，应对排污沟进行防渗衬砌或搬迁处理。

（4）建议将划定的保护区范围列入政府市政规划范围，避免因其他因素占用水源地的情况发生。

第 5 章　结论和建议

5.1　结论

本书是在充分搜集、整理、分析前人成果资料的基础上，通过地面电法勘探、地面调查、水文地质钻探、抽水试验等多种手段，取得丰富、翔实的基础资料，通过综合研究形成了以下主要结论：

（1）经过地面电法勘探和水文地质勘探，查明了单一潜水区和多层结构区边界分布范围，调整了前人因钻孔少、勘察手段简单所勾划的单一潜水区和多层结构区分界线证据不足、人为性较大的误差，重新确认了单一潜水区分布面积为491 km^2。

（2）通过勘探查明了单一潜水区150 m 以上、多层结构区230 m 以上深度内含水岩组的水量、水质、含水层厚度及补、径、排条件。

单一潜水区：水位埋深2~3 m，单井水量2 045.152~6 067.068 m^3/d，富水性强。在研究区内，地下水溶解性总固体0.4~0.7g/L，铁锰离子普遍超标（铁离子含量为0.2~3.19 mg/L，大都为0.3~1 mg/L；锰离子含量为0.01~0.66 mg/L，大都为0.1~0.6 mg/L），氨氮局部超标，地下水水化学类型主要为 HScm，HScn，HSmc，东南部靠近黄河地区水化学类型为 HCcm 型水。

根据含水层水力性质，勘探深度范围内，多层结构含水岩组自上而下又可分为三个含水岩组，0~55 m 为第Ⅰ含水岩组，属潜水含水层；60~170 m 为第Ⅱ含水岩组；170 ~250 m 为第Ⅲ含水岩组，第Ⅱ、Ⅲ含水岩组为承压含水层。

第Ⅰ含水岩组：主要分布在研究区西北部和东北部地区，西北部单井出水量为3 083.337~6 247.735 m^3/d，溶解性总固体含量为0.645~1.596 mg/L，局部略超标，铁含量为0.1~1.51 mg/L，大部分大于0.3 mg/L，锰含量大部分为0.1~1 mg/L。东北部水量换算后可达3120 m^3/d，水质略超标，溶解性总固体含量1.112 g/L，地下水水化学类型主要为 HSnc、HSmc，东南部靠近黄河地区水化学类型为 HCnc、HCcm 型水。

第Ⅱ含水岩组：分布于研究区的东北部叶盛镇以东地区，单井出水量为1 731.215~4 646.678 m^3/d。水质普遍较好，溶解性总固体含量0.345~0.858 g/L，铁含量为0.13~0.87 mg/L，锰含量为0.1~1 mg/L。地下水水化学类型主要为 HSnc、HSmc、HCnc、HCnm 型水。

第Ⅲ含水岩组：分布在叶盛镇东侧，单井出水量为1 164.09~8 096.338 m^3/d，溶解性总固体含量0.31~0.666 g/L，铁含量未超标，均 <0.3 mg/L，锰含量局部略超标，为0.044~0.137 mg/L。地下水水化学类型主要为 HSnc、HSnm 型水。

（3）通过勘探和抽水试验，发现了在研究区范围内氟化物含量无一超标，最大含量0.87 mg/L，最小值0.18 mg/L，一般为0.2~0.5 mg/L，改变了前人对本地区氟化物超标的认识。

（4）研究区拟设水源地布井区横跨单一潜水、多层结构区，勘探确定水源地开采目的层为单一潜水与多层结构的第Ⅱ、Ⅲ含水岩组，为了合理开发利用地下水资源，不改变地下水的水力性质，不诱发不良环境地质问题，确定单一潜水区开采井群中心水位埋深不超过30.0 m，多层结构区中心水位埋深不超过第Ⅱ含水岩组最高顶板50.3 m，单井出水量限定不大于2 500 m^3/d。

（5）通过干扰叠加法和开采强度法分别计算开采井在开采20年后最大水位埋深。干扰叠加法预测单一潜水区开采井井壁最大水位埋深为18.614 m（井内最大水位埋深21.894 m），开采强度法预测单一潜水区开采井中心井壁最大埋深为18.433 m（内壁最大水位埋深21.713 m），均未超过允许埋深30.0 m；干扰叠加法预测多层结构区第Ⅱ含水岩组和第Ⅲ含水岩组开采井井壁最大埋深分别为17.504 m、15.287 m（井内最大水位埋深分别为18.844 m、20.953 m），开采强度法预测多层结构区第Ⅱ含水岩组和第Ⅲ含水岩组开采井中心井壁最大埋深分别为21.056 m、16.225 m（井内最大水位埋深分别为22.396 m、21.434 m），均未超过允许埋深50.3 m。说明该水源地布井合理，单井允许开采量限制可行。

（6）运用解析法及数值法计算的水源地开采补给量为14.061万 m^3/d 和17.349万 m^3/d，且各项补给资源量都能得到有效补给，能够满足水源地日开采12万 m^3/d 的要求。

（7）经过生活饮用水水质评价，在集中均衡范围内，地下水水质较好，除个别地段铁、锰离子略有超标外，其他指标均基本满足《生活饮用水卫生标准（GB5749—2006）》所规定的要求。运用溶质混合法预测溶解性总固体为0.616 g/L，铁含量0.371 mg/L（略超标）、锰含量0.281 mg/L（略超标），水质预测基本满足要求（铁、锰离子略超标）。

综上所述，地下水资源量是在现有引黄灌溉渠道引水量、农田灌溉定额条件下计算得出的，通过研究区勘探工作，提供了水质基本满足生活饮用水卫生标准（铁、锰离子略超标），达到B级精度的可开采资源量12万 m^3/d。

5.2 建议

（1）水源地保护应严格依据《饮用水水源保护区划分技术规范》（HJ/338—2007）执行。本次研究提出一级保护区范围及基础生态保护红线，可作为当地政府部门实地划定保护区提供理论依据。

（2）加强开采期间的地下水动态观测工作，应定时记录开采量，观测水位，采集水样以监测开采期间的水质、水量变化规律，以便及时发现问题，当供水水源地地下水补给量发生大的改变时，建议开展供水水源地补充勘察，以便随时调整开采方案，确保城市供水水源地安全运行。

（3）必须严格遵守开采资源量不超出评价地下水资源量12万 m^3/d。

参考文献

[1] 朱党生，张建永，程红光，等．城市饮用水水源地安全评价Ⅰ：评价指标和方法[J]. 水利学报，2010，41（7）：778-785.

[2] 国家市场监督管理总局，国家标准化管理委员会．生活饮用水卫生标准 GB5749—2006[S]. 北京：中国标准出版社，2006.

[3] 中华人民共和国国家质量监督检验检疫总局，中国国家标准化管理委员会．地下水质量标准 GB/T14848—2017[S]. 北京：中国标准出版社，2017.

[4] 张人权，梁杏，等．水文地质学基础（第六版）[M]. 北京：地质出版社，2018.

[5] 梁秀娟，迟宝明，等．专门水文地质学（第四版）[M]. 北京：科学出版社，2023.

[6] 陈崇希，林敏．地下水动力学[M]. 武汉：中国地质大学出版社，2009.

[7] 梁杏，张人权，等．地下水流系统—理论应用调查[M]. 北京：地质出版社，2015.

[8] 何俊江，地下水资源评价方法[J]. 建筑工程技术与设计，2014（34）.

[9] 李晓英，顾文钰．水均衡法在区域地下水资源量评价中的应用研究[J]. 水资源与水工程学报，2014，25（1）：87-90.

[10] 徐映雪，那景力，崔亚莉，等．银川平原地下水流模拟与地下水资源评价[J]. 水文地质与工程地质，2015，42（3）：7-12.

[11] 方华山，银川地区水文地质条件分析及地下水水源地保护区划分[D]. 长安大学，2009.
[12] 孙亚乔，钱会，张黎，等．银川地区地下水环境演化[J]. 干旱区环镜，2006（5）：51-55.
[13] 唐莲，张维江．宁夏水资源可持续利用综合评价[J]. 节水溉，2012，（05）：19-21+25.
[14] 于艳青，李英，等．银川平原与周边地区地下水补排关系研究[M]. 银川：阳光出版社，2018.
[15] 柳凤霞，史紫薇，钱会，等．银川地区地下水水化学特征演化规律及水质评价[J]. 环境化学，2019，38（09）：2055-2066.
[16] 赵自阳，李王成，王霞，等．基于主成分分析和因子分析的宁夏水资源承载力研究[J]. 水文，2017，37（2）：64-72.
[17] 李军建，司建宁，陈丹，等．宁夏水资源开发利用超载成因分析及对策探讨[J]. 中国水利，2019（9）：18-19，32.
[18] 宁夏回族自治区水文环境地质勘察院．银川沿黄经济区水文地质环境地质调查成果报告．银川：宁夏回族自治区水文环境地质勘察院，2015.
[19] 宁夏回族自治区水文环境地质勘察院．吴忠市城市供水水源地勘查报告．银川：宁夏回族自治区水文环境地质勘察院，2017.
[20] 宁夏回族自治区水文环境地质勘察院．银川平原地下水资源－经济－环境综合效应研究．银川：宁夏回族自治区水文环境地质勘察院，2007.
[21] 王利，王红英，郁冬梅，等．宁夏地下水资源评价[R]. 银川：宁夏地质调院，2002：53.
[22] 周特先．宁夏构造地貌．银川：宁夏人民出版社，2016.